PEDRO CARVALHAES DIAS

DISPOSITIVOS SEMICONDUTORES E CIRCUITOS ELETRÔNICOS

UTFPR
Campus de Cornélio Procópio

Dias, Pedro Carvalhaes 1983 -

D541d Dispositivos Semicondutores e Circuitos Eletrônicos/Pedro Carvalhaes Dias. Cornélio Procópio, PR: 248 p., ed. Clube de Autores, 2024.

ISBN - 978-85-471-0978-3

Revisão Técnica: Prof. José Antonio Siqueira Dias, FEEC/UNICAMP

1. Engenharia elétrica. 2. Sispositivos semicondutores. 3. Circuitos eletrônicos.

CDD: B620.537

Ficha catalográfica elaborada pelo autor.

Prefácio

ESTA obra foi preparada para ser utilizada em um curso introdutório de Dispositivos Semicondutores e Circuitos Eletrônicos. O conteúdo foi dimensionado para ser aplicado durante um semestre, em um curso que seja composto por aulas teóricas e práticas.

No Capítulo 1 apresentamos a estrutura atômica do silício e o conceito de bandas de energia. O silício dopado (N e P), os portadores de carga (elétrons e lacunas) e a função Função de Distribuição de Fermi-Dirac $f(E)$, que mostra a probabilidade de um estado de energia E estar ocupado por um elétron. A concentração de portadores e a os mecanismos de transporte de portadores no silício são também apresentados, junto com os conceitos de mobilidade e resistividade do silício.

No Capítulo 2 a formação da junção PN é discutida de forma simples e objetiva. No mesmo capítulo são apresentadas as principais características da junção PN, como a tensão de *built-in*, largura da região de depleção, campo elétrico dentro da região de depleção e a tensão de ruptura.

São também apresentadas as expressões dos fluxos de corrente de elétrons e lacunas em uma junção, baseados na aproximação de Boltzmann. São apresentadas as expressões gerais para o cálculo das correntes de elétrons e lacunas em função da dopagem das regiões N e P.

No Capítulo 3 apresentamos o diodo semicondutor, suas principais características (corrente de saturação, corrente de fuga, resistência série, tensão de ruptura e dependência térmica). É apresentado também o diodo zener, seus parâmetros e características, além de alguns circuitos simples com diodos e resistores, para que o estudante fique familiarizado com as aproximações usadas para cálculos de circuitos com diodos.

O Capítulo 4 apresenta o princípio de funcionamento do transistor bipolar, os fluxos de corrente de portadores, o cálculo da eficiência de injeção baseado nas dopagens do transistor, e seus principais parâmetros *dc* e *ac*. É apresentado o modelo de Ebers-Moll, o efeito de modulação da largura de base (efeito Early), e o modelo de pequenos sinais $\pi-$híbrido. São também apresentados circuitos simples com transistores bipolares, visando demonstrar ao estudante as simplificações que são normalmente utilizadas na solução de circuitos de polarização de transistores bipolares.

No Capítulo 5 o transistor de efeito de campo de junção JFET (do inglês *Junction Field Effect Transistor*) é apresentado. O princípio de funcionamento do JFET é discutido, sendo apresentadas as equações que regem o funcionamento *dc* nas regiões triodo e de saturação (*pinch-off*) e os parâmetros elétricos definidos. Circuitos simples de polarização são também discutidos. É apresentado o modelo *ac* de pequenos sinais bem como o cálculo dos parâmetros deste modelo. Algumas técnicas de medida para obtenção dos principais parâmetros *dc* do transistor são também apresentadas.

O Capítulo 6 apresenta o princípio de funcionamento do transistor de efeito de campo MOS, MOSFET (do inglês *Metal Oxide Semiconductor Field Effect Transistor*). São apresentados os fenômenos da formação do canal e as equações de funcionamento *dc* nas regiões triodo e de saturação. É discutido o fenômeno de modulação do canal e o seu modelamento é incluído nas equações de funcionamento do transistor MOSFET. São também apresentadas técnicas para medida dos principais parâmetros *dc*. Finalmente, são apresentados circuitos simples com transistores MOSFET, visando demonstrar ao estudante algumas soluções de circuitos de polarização de transistores MOS.

No Capítulo 7 apresentamos, de forma bastante simplificada, o princípio de funcionamento de alguns dispositivos optoeletrônicos. São apresentados tanto os dispositivos fotocondutores (fotoresistores, fotodiodos, fototransistores e células solares) como os dispositivos emissores de luz (LEDs). Apresentamos modelos simplificados de operação dos fotodiodos e células solares, bem como circuitos típicos de aplicações de fotodiodos e fototransistores.

Prof. Pedro Carvalhaes Dias
DAELE - UTFPR
Campus de Cornélio Procópio

Lista de Figuras

Sumário

Capítulo 1

Elétrons e Lacunas em Semicondutores

1.1 Bandas de energia no Silício

1.1.0.1 Silício intrínseco

EMBORA os primeiros dispositivos semicondutores tenham sido fabricados usando Germânio (Ge) e atualmente o GaAs tenha um espaço importante entre os dispositivos optoeletrônicos (LEDs, por exemplo) e também em um pequeno nicho de mercado dos dispositivos de altíssima velocidade, o silício (Si) é o material empregado em quase todos os componentes semicondutores fabricados, analógicos ou digitais.

Em um cristal semicondutor de Si temos três bandas de energia (Figura 1.1). Uma banda de energia, chamada de banda proibida, dentro da qual não existe nenhum elétron, e duas bandas de energia onde são permitidos elétrons. As bandas de energia onde podem existir elétrons são:

a) a banda de valência - que agrupa os níveis de energia dos elétrons que fazem parte das ligações atômicas;

b) a banda de condução - que agrupa os níveis de energia dos elétrons que ganharam energia suficiente para romper a banda proibida (E_g) e ficam livres para se movimentar dentro do cristal, e participar dos chamados mecanismos de condução.

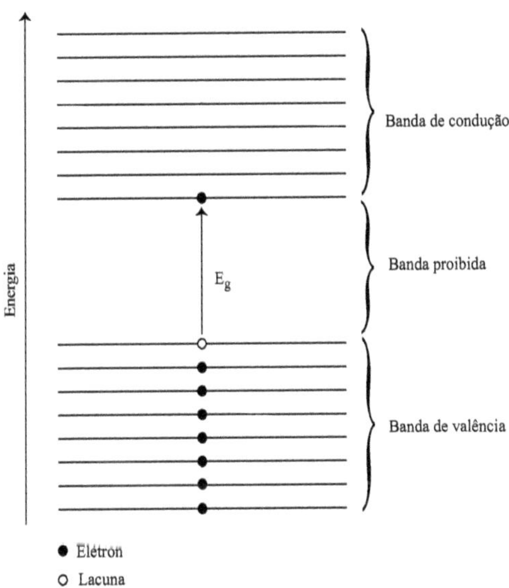

Fig. 1.1: Semicondutor (silício) mostrando as bandas de valência, banda proibida e a banda de condução.

Quando um elétron tem energia para romper uma ligação e passa da banda de valência para a banda de condução, ele deixa na banda de valência uma lacuna (ausência de elétron) que vamos associar a uma carga positiva. Estes estados de energia não-ocupados na banda de valência permitem que os elétrons da banda de valência caminhem de uma "ausência" para outra. Isto nos faz poder imaginar que as lacunas (cargas positivas) podem se movimentar, da mesma forma que os elétrons e participar dos mecanismos de condução.

Num cristal perfeito de silício em equilíbrio térmico, a região que situa-se entre os níveis de energia situados entre a banda de valência e a banda de condução é chamada de banda proibida, sendo que dentro desta região proibida não existe nenhum elétron.

1.1.0.2 Silício dopado

Embora em um cristal perfeito tenhamos a banda proibida totalmente livre de elétrons, um cristal com um defeito na rede, como um átomo de impureza, causa uma perturbação no potencial periódico da rede. Esta perturbação pode resultar em um estado permitido dentro da banda proibida do cristal.

Vamos considerar o que acontece com a rede cristalina do silício quando é alterada pela presença de outros átomos inseridos propositalmente na rede, através de um processo chamado de dopagem.

Se inserirmos átomos do grupo V da tabela periódica (por exemplo, fósforo ou arsênico), que são átomos que possuem cinco elétrons na última camada, ao formarem as ligações com os átomos de silício que podem formar apenas quatro ligações, deixam um elétron livre. Esse elétron está praticamente desligado da rede, e com fornecimento de pouca energia pode se tornar um elétron livre, deixando um átomo fixo na rede com carga positiva, como mostra a Figura 1.2.

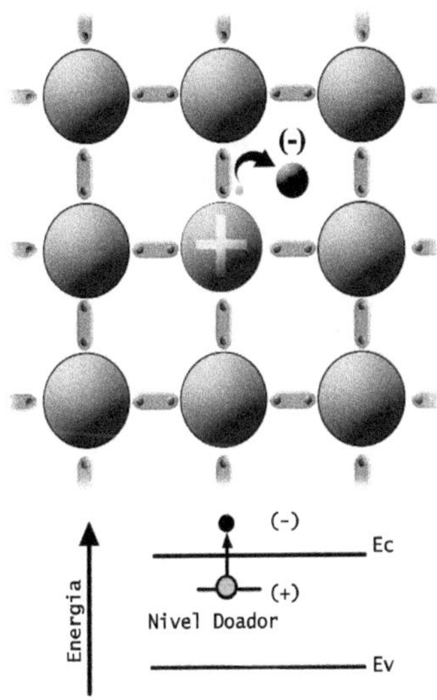

Fig. 1.2: Semicondutor dopado com átomo doador.

A dopagem com muitos átomos doadores aumenta a população de elétrons livres, criando o silício tipo N. A perturbação na rede, causada por um grande número de átomos dopantes doadores, cria um estado de energia E_C dentro da banda proibida, estado este que fica próximo e logo abaixo do mínimo da banda de condução, que reflete o estado de carga dos átomos doadores.

O mesmo acontece quando se insere um átomo do grupo III da tabela periódica (por exemplo, boro ou alumínio), porém com efeito "inverso". Os átomos do grupo III possuem apenas 3 elétrons na última camada. Portanto, ao inserirmos um desses átomos no silício, ele "rouba" um elétron da rede, deixando na rede um átomo fixo com carga negativa e uma lacuna livre que pode participar dos mecanismos de condução, como mostra a Figura 1.3.

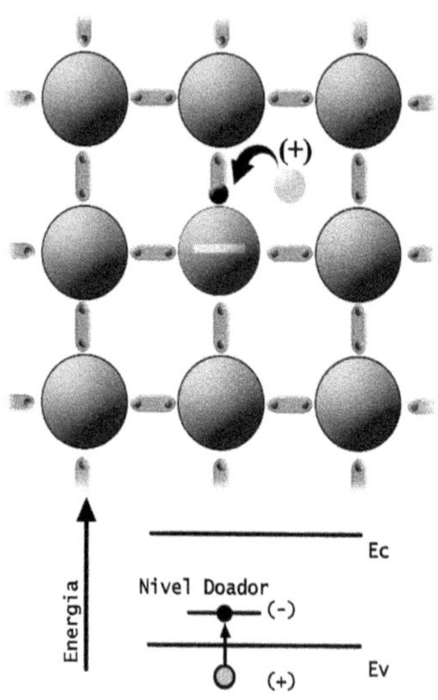

Fig. 1.3: Semicondutor dopado com átomo aceitador.

Da mesma forma que com os átomos doadores, a dopagem com muitos átomos aceitadores aumenta a população de lacunas livres, criando o silício tipo P. No modelo de bandas de energia, esse fenômeno cria, dentro da banda normalmente proibida, um nível de energia E_V muito próximo e logo acima do máximo da banda de valência, que reflete o estado de carga dos átomos aceitadores.

A probabilidade de ocupação de estados nos níveis de energia nas bandas de condução e de valência é chamado de nível de Fermi. Na temperatura de 0 K um semicondutor intrínseco é um isolante perfeito. Porém, ao aumentarmos a temperatura, elétrons e lacunas livres são gerados. Num semicondutor sem defeitos e intrínseco, o número de de elétrons na banda de condução é igual ao número de lacunas na banda de valência e, portanto, o nível de Fermi fica exatamente no centro da banda proibida.

Entretanto, em um semicondutor extrínseco, o número de elétrons na banda de condução não é igual ao número de lacunas na banda de valência. Portanto a probabilidade de ocupação dos níveis de energia na banda de condução e na banda de valência não é a mesma, e esta probabilidade $f(E)$ de um estado de energia E estar ocupado por um elétron é dada pela chamada Função de Distribuição de Fermi-Dirac, dada por:

$$f(E) = \frac{1}{1 + exp\left(\frac{E - E_F}{kT}\right)} \tag{1.1}$$

onde k é a constante de Boltzmann e E_F é chamado de nível de Fermi.

Observando a Figura 1.4 vemos que para valores grandes de E (ou seja, $E - E_F >> kT$) a probabilidade $f(E)$ diminui exponencialmente e a Eq. 1.1 pode ser aproximada por:

$$f(E) = exp\left(-\frac{E - E_F}{kT}\right) \tag{1.2}$$

A Eq. 1.2 é de extrema importância no estudo da física de semicondutores, e é chamada de **aproximação de Boltzmann**.

Para valores pequenos de E (ou seja, $E - E_F << kT$) a probabilidade $f(E)$ de um estado de energia E estar ocupado por um

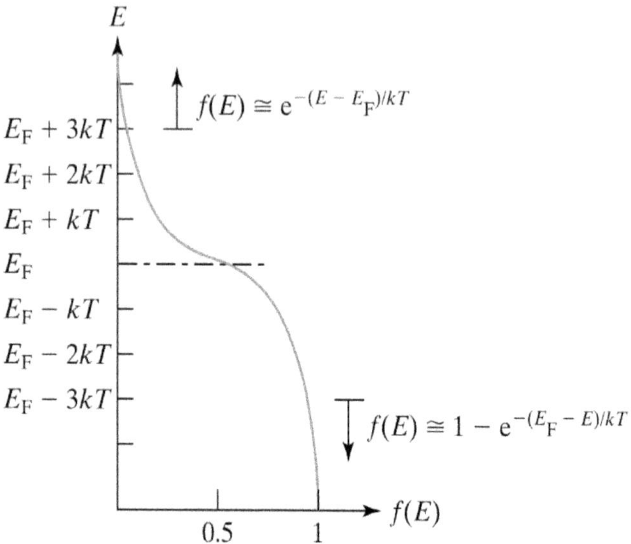

Fig. 1.4: Diagrama da Função de Fermi.

elétron aumenta, chegando próximo a 1. Isso implica que a grande maioria dos estados de energia E estão preenchidas por elétrons. Nesta região, a Eq. 1.1 pode ser aproximada por:

$$f(E) = 1 - exp\left(-\frac{E_F - E}{kT}\right) \tag{1.3}$$

Desta Eq. 1.4 podemos concluir que, a probabilidade de um estado E não estar ocupado, i.e., estar sendo ocupado por uma lacuna, é dada por:

$$1 - f(E) = exp\left(-\frac{E_F - E}{kT}\right) \tag{1.4}$$

A probabilidade $f(E)$ para $E = E_F$, como esperado, é $f(E) = 0{,}5$. É importante lembrar que, no equilíbrio térmico, o nível de Fermi é contante ao longo dr todo o semicondutor.

É usual imaginar que haja um número discreto de estados existentes entre dois níveis de energia próximos (ΔE), de forma que é possível calcular a **densidade de estados** em um determinado volume do semicondutor como:

$$D_c(E) = \frac{B}{\Delta E \,\mathrm{x}\, \mathrm{Volume}} \tag{1.5}$$

onde B é o núumero de estados existentes dentro do intervalo de energia ΔE considerado.

Sabemos que $D_C(E)\,\Delta E$ é o número de estados existentes entre os níveis de energia E e $E + \Delta E$. Calculando o produto da probabilidade de um estado estar ocupado por um elétron ($f(E)$) pelo número de estados existentes entre os níveis de energia E e $E + \Delta E$ (produto que é dado por $D_C(E)\,\Delta E$), obtemos o número de elétrons existentes entre esses níveis de energia:

$$No.\,elec = f(E) D_C(E)\,\Delta E \tag{1.6}$$

A partir deste conceito, podemos generalizar essa Eq. 1.6 e calcular o número n de elétrons por centímetro cúbico existentes na banda de condução (com energia maior do que E_C):

$$n = \int_{E_C}^{Topodabandadeconducao} f(E) D_C(E) dE \tag{1.7}$$

A obtenção da expressão de $D_C(E)$ foge ao escopo deste livro (pode ser encontrada em detalhes no Apêndice I do livro de Hu

Chenming, "Modern Semiconductor Devices for Integrated Circuits", Primeira Edição, Editora Prentice Hall, 2010.). Usando o valor de $D_C(E)$ podemos resolver a Eq. 1.7 e obter:

$$n = N_C \, exp\left(-\frac{E_C - E_F}{kT}\right) \tag{1.8}$$

onde N_C é chamado de densidade efetiva de estados. Podemos entender o significado de N_C como se todos os níveis de energia tivessem sido efetivamente "espremidos" e localizados em um único nível de energia E_C, que contém N_C elétron por centímetro cúbico. A dedução do valor de N_C é também apresentada na obra de Hu Chenming, e é dado por:

$$N_C = 2\left[\frac{2\pi m_n kT}{h^2}\right]^{3/2} \tag{1.9}$$

onde m_n é a massa efetiva do elétron e h é a constante de Planck.

Com isso, vemos que o número de elétrons n na Eq. 1.8 é dado pelo produto da densidade efetiva de estados com a probabilidade de que um estado com energia E_C esteja ocupado.

De forma análoga, podemos calcular o número de lacunas p por centímetro cúbico na banda de valência (com energia menor do que E_V), usando a função de probabilidade de um estado E **não estar ocupado**, i.e., estar sendo ocupado por uma lacuna: $1-f(E)$:

$$p = \int_{Fundodabandadevalncia}^{E_V} (1 - f(E))D_V(E)dE \tag{1.10}$$

A solução desta equação é muito parecida com a solução obtida para n na Eq. 1.8:

$$p = N_V \, exp\left(\frac{E_V - E_F}{kT}\right) \tag{1.11}$$

onde o valor de N_V é, de forma similar à Eq. 1.9, dado por:

$$N_V = 2\left[\frac{2\pi m_p kT}{h^2}\right]^{3/2} \tag{1.12}$$

onde m_p é a massa efetiva das lacunas.

Como no caso dos elétrons, N_V é chamado de densidade efetiva de estados, e é como se todos os níveis de energia tivessem sido efetivamente "espremidos" e localizados em um único nível de energia E_V, que contém N_V lacunas por centímetro cúbico.

Para $T = 300$ K, os valores de N_C e N_V são:

$$N_C = 2{,}8\text{x}10^{19}\,\text{atm.cm}^{-3}$$

$$N_V = 1{,}04\text{x}10^{19}\,\text{atm.cm}^{-3}$$

Exemplo 1.1 Calcule o valor do nível de Fermi E_F para duas barras de silício, uma dopada com $N_a = 10^{15}\,\text{atm.cm}^{-3}$ e outra com $N_d = 10^{17}\,\text{atm.cm}^{-3}$, ambas na temperatura $T = 300$ K ($kT \approx 0{,}026\,\text{V}$).

Para a barra de semicondutor tipo N podemos fazer $n = N_d = 10^{17}\,\text{atm.cm}^{-3}$, e usando a Eq. 1.8 obtemos:

$$E_C - E_F = kTln\left(\frac{N_C}{n}\right) = 0{,}026\,ln\left(\frac{1{,}04\text{x}10^{19}}{10^{17}}\right) = 0{,}146\,\text{eV}$$

portanto o valor do nível de Fermi E_F está localizado 0,146 eV abaixo de E_C.

Para a barra de semicondutor tipo P podemos fazer $p = N_a = 10^{15}\,\text{atm.cm}^{-3}$), e usando a Eq. 1.11 obtemos:

$$E_F - E_V = kTln\left(\frac{N_V}{p}\right) = 0{,}026\,ln\left(\frac{2{,}8\text{x}10^{19}}{10^{15}}\right) = 0{,}266\,\text{eV}$$

portanto o valor do nível de Fermi E_F está localizado 0,266 eV acima de E_V.

Na Figura 1.5 vemos a posição do nível de Fermi para os dois casos calculados.

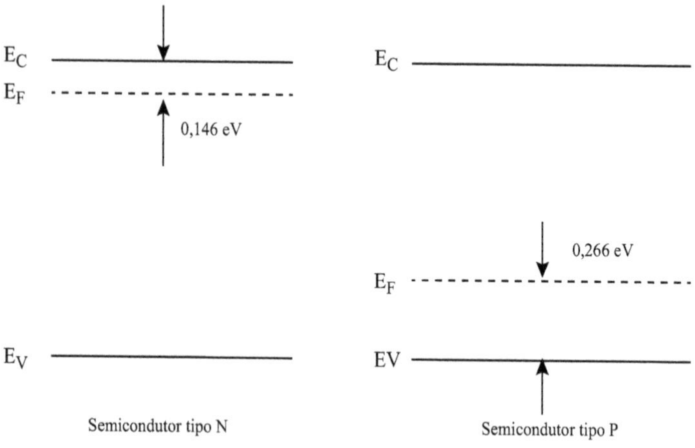

Fig. 1.5: Posição do nível de fermi em barras semicondutoras dopadas com $N_a = 10^{15}\,\text{atm.cm}^{-3}$ e com $N_d = 10^{17}\,\text{atm.cm}^{-3}$.

1.1.1 O produto np e a concentração intrínseca de portadores

Multiplicando as Eq. 1.8 e Eq. 1.11 obtemos:

$$pn = N_V\, exp\left(\frac{E_V - E_F}{kT}\right) \cdot N_C\, exp\left(\frac{E_F - E_C}{kT}\right) \tag{1.13}$$

ou seja

$$pn = N_V\, N_C\, exp\left(\frac{E_V - E_C}{kT}\right) \tag{1.14}$$

Como a energia da banda proibida (band-gap) E_g é $E_g = E_C - E_V$, podemos reescrever a Eq. 1.14 como:

$$pn = N_V\, N_C\, exp\left(\frac{-E_g}{kT}\right) \tag{1.15}$$

onde o valor de E_g para o silício é $E_g = 1{,}12$ eV.

Como podemos observar nas Eq. 1.9 e Eq. 1.12, os valores de N_C e N_V só variam com a temperatura T e, portanto, para uma dada temperatura, o valor do produto pn é constante e **independente da concentração de portadores.**

Essa importante relação é normalmente expressa como:

$$pn = {n_i}^2 \tag{1.16}$$

Podemos, portanto, calcular o valor de n_i como:

$$n_i = \sqrt{N_C N_V}\left(exp - \frac{E_g}{2kT}\right) \tag{1.17}$$

A Eq. 1.16 indica que **sempre existem elétrons e lacunas**, mesmo que o semicondutor não esteja dopado. Para um semicondutor intrínseco (sem dopagem), os elétrons e lacunas são gerados devido à agitação térmica. Como para um semicondutor intrínseco a geração de elétrons e lacunas sempre ocorre em pares elétrons-lacunas, ou seja, $n = p$, temos:

$$n_i = n = p \tag{1.18}$$

e ni é chamada de **concentração intrínseca de portadores**. O valor de n_i é fortemente dependente da temperatura e, para o silício na temperatura $T = 300$ K, temos $n_i \approx 1{,}5\,\text{x}10^{10}$ atm.cm^{-3}.

Exemplo 1.2 Calcule o valor da concentração de lacunas para uma barra de silício muito pouco dopada com $N_d = 10^{14}$, na temperatura de $T = 300$ K.

Sabemos que a quantidade de elétrons num semicondutor tipo N dopado com $N_d = 10^{14}$ é $n = 10^{14}$. Usando a Eq. 1.15 podemos escrever:

$$p = \frac{{n_i}^2}{n} = \frac{{n_i}^2}{N_d} = \frac{\left(1{,}5\,\text{x}10^{10}\right)^2}{10^{14}} \approx 2{,}2\,\text{x}10^6$$

Portanto, embora a quantidade de lacunas não seja nula, mesmo para um silício tipo N muito pouco dopado, a concentração de lacunas é nove ordens de grandeza menor do que a de elétrons, e podemos escrever que $p << n$. Evidentemente, para o silício P, podemos escrever que $n << p$.

1.1.1.1 Mecanismos de Transporte de Portadores no Silício

a) Mecanismo de condução

Quando um campo elétrico de módulo $|E|$ é estabelecido dentro de um cristal semicondutor em equilíbrio térmico, além do movimento desordenado de elétrons e lacunas devido à agitação térmica, existe um movimento que se superpõe a essa agitação térmica: um movimento de deriva de lacunas (que se movem com velocidade média v_p no sentido do campo elétrico), e também de elétrons, que se movimentam no sentido contrário ao do campo elétrico com velocidade média v_n.

Define-se mobilidade (μ_n para os elétrons e μ_p para as lacunas) como sendo a relação entre a velocidade média de deriva v_n e v_p e a intensidade do campo elétrico:

$$\mu_n = \frac{|v_n|}{|E|} \; ; \; \mu_p = \frac{|v_n|}{|E|} \tag{1.19}$$

Se as concentrações de portadores de elétrons e lacunas são, respectivamente, n e p, as densidades de correntes de condução destes portadores, J_n e J_p, que estão em todos os pontos do semicondutor, se escrevem como:

$$J_n = q\mu_n nE \tag{1.20}$$

$$J_p = q\mu_p pE \tag{1.21}$$

A densidade de corrente total é dada por:

$$J = J_n + J_p = qE(\mu_n n + \mu_p p) \quad (1.22)$$

Nessa expressão, a quantidade

$$\sigma = q(\mu_n n + \mu_p p) \quad (1.23)$$

é a condutividade elétrica do cristal de silício.

Devemos observar que se o campo elétrico aplicado é fraco e não modifica a distribuição dos portadores sensivelmente (comparada com a situação de equilíbrio termodinâmico), a Eq. 1.23 pode ser simplificada para

i) Cristal intrínseco ($n = p = n_i$)

$$\sigma = q(\mu_n + \mu_p)n_i \quad (1.24)$$

ii) Cristal tipo $N(n = N_d)$

$$\sigma = q\mu_n N_d \quad (1.25)$$

iii) Cristal tipo $P(p = N_a)$

$$\sigma = q\mu_p N_a \quad (1.26)$$

A mobilidade dos portadores (μ_n, μ_p) depende de forma bastante complexa da interação e colisão entre os portadores, de forma que a resistividade do silício depende de forma não-linear tanto da dopagem como da temperatura do semicondutor. Na Figura 1.6 vemos um gráfico da resistividade ($\rho = 1/\sigma$) do silício em função da dopagem.

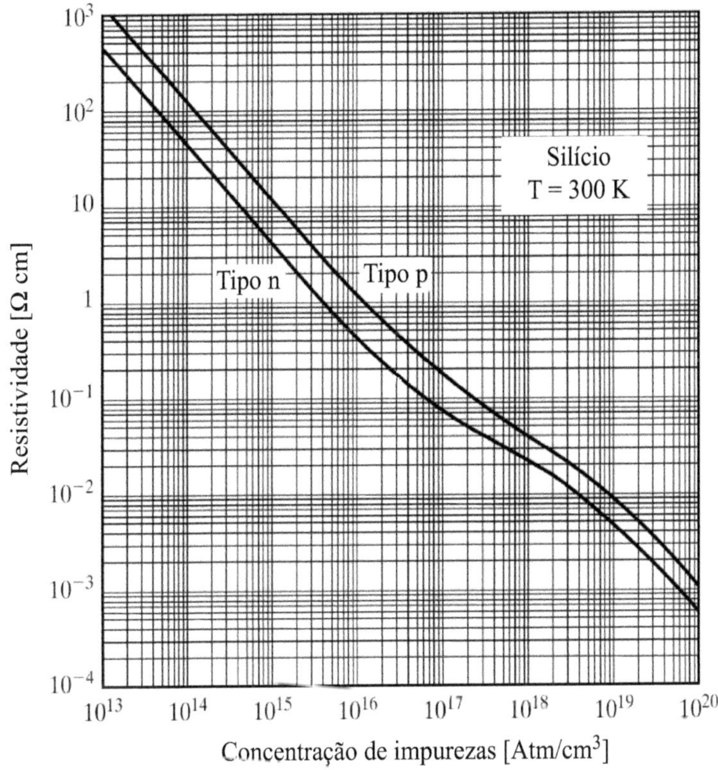

Fig. 1.6: Resistividade do silício tipo N e tipo P, em função da concentração de dopantes (N_d ou N_a).

Na Figura 1.7 vemos como os valores das mobilidades μ_n, μ_p variam em função da dopagem do silício. Devemos lembrar que como a mobilidade depende da interação e da colisão entre os portadores, a mobilidade diminui com o aumento da temperatura.

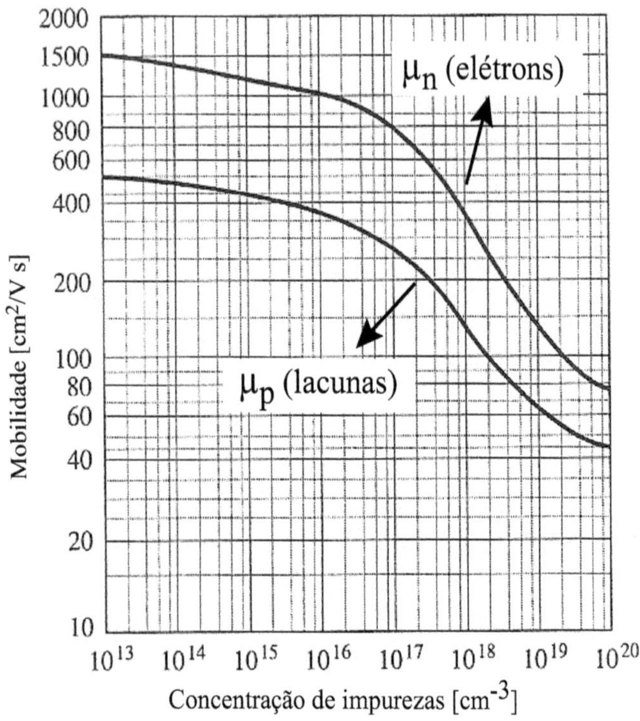

Fig. 1.7: Mobilidade do silício μ_n, μ_p, em função da concentração de dopantes (N_d ou N_a).

b) Mecanismo de difusão

Se os portadores livres não estão uniformemente distribuídos dentro do cristal de silício, além do movimento desordenado de portadores devido à agitação térmica, aparece um movimento que se superpõe a este, formado pelo movimento dos conjuntos de portadores das regiões de maior concentração de portadores para as regiões de menor concentração, de forma a tentar equilibrar as diferenças de concentrações.

Os fluxos de elétrons e lacunas seguem a lei de difusão de Fick, ou seja, o seu valor é proporcional aos gradientes de suas concentrações (dn/dx) e (dp/dx), e portanto podemos escrever as densidades de corrente de difusão como:

$$J_n = qD_n \frac{dn}{dx} \tag{1.27}$$

$$J_p = -qD_p \frac{dp}{dx} \tag{1.28}$$

onde D_n e D_p são chamadas constantes de difusão dos elétrons e das lacunas. Pode-se mostrar que estes valores de D_n e D_p são relacionadas com as mobilidades dos portadores, segundo a relação de Einstein:

$$D_n = \mu_n V_T \tag{1.29}$$

$$D_p = \mu_p V_T \tag{1.30}$$

c) Mecanismos de Condução e Difusão Simultâneos

Se o semicondutor é submetido simultaneamente à ação de diferenças de potenciais (campos elétricos) e gradientes de concentração de portadores, as densidades de correntes dos elétrons e das lacunas são dadas pelas superposições das correntes apresentadas para cada caso:

$$J_n = qD_n\frac{dn}{dx} + q\mu_n nE \tag{1.31}$$

$$J_p = -qD_p\frac{dp}{dx} + q\mu_p pE \tag{1.32}$$

Das Eq. 1.29 e Eq. 1.30 podemos escrever $\mu_n = D_n/V_T$ e $\mu_p = D_p/V_T$. Substituindo estes valores nas Eq. 1.31 e Eq. 1.32 ficamos com:

$$J_n = qD_n\left(n\frac{E}{V_T} + \frac{dn}{dx}\right) \tag{1.33}$$

$$J_p = qD_p\left(p\frac{E}{V_T} - \frac{dp}{dx}\right) \tag{1.34}$$

1.2 Exercícios do Capítulo 1

1.1 - Em uma barra de silício em equilíbrio térmico, qual a probabilidade de um estado de elétron estar preenchido se este estado está localizado exatamente no nível de Fermi?

1.2 - Faça um esboço comparativo dos diagramas das distribuições de Fermi-Dirac em duas temperaturas: na temperatura ambiente ($T = 300$ K) e em uma temperatura bem mais baixa ($T = 200$ K).

1.3 - Calcule a concentração de elétrons em uma barra de silício cuja concentração de lacunas é $p = 10^6\,$atm.cm^{-3}

1.4 - Qual a concentração de elétrons e de lacunas em um barra de silício que está na temperature $T - 300$ K se o nível de Fermi está localizado $10\,V_T$ (0,26 eV) acima do nível de Fermi intrínseco?

1.5 - Usando as curvas de resistividade do silício tipo N e tipo P em função da concentração de dopantes N_d, N_a (Figura 1.6), calcule a condutividade σ e a resistividade ρ de uma amostra de silício dopada com $N_A = 10^{17}$ atm.cm^{-3}. Calcule os mesmos parâmetros para uma amostra tipo N, dopada com a mesma concentração de portadores $N_D = 10^{17}$ atm.cm^{-3}. Comente os resultados.

1.6 - Para as mesmas barras de silício do Exercício 1.5, calcule o valor das resistências de cada uma das barras tipo P e tipo N, se fabricarmos dois resistores com comprimento $L = 1$ mm, largura $W = 0{,}1$ mm e espessura $t = 0{,}001$ mm com as barras.

1.7 - Calcule os valores das constantes de difusão D_n e D_p dos elétrons e das lacunas, para amostras de silício com dopagens $N_a = N_d = 10^17$ atm.cm^{-3}. Use as curvas da mobilidade do silício μ_n, μ_p em função da concentração de dopantes (N_d ou N_a), apresentada na Figura 1.7.

Capítulo 2

A Junção PN

2.1 Estrutura da junção PN

Se pegarmos uma lâmina de silício já dopado com uma concentração de N_d átomos doadores (silício tipo N), como mostrado na Figura 2.1(a), e submetermos uma das superfícies dessa lâmina a uma dopagem com uma quantidade N_a de átomos aceitadores muito maior do que N_d, formaremos nesta parte da lâmina uma região dopada com uma maioria de átomos aceitadores, ou seja, teremos uma região tipo P, com concentração $(N_a - N_d \approx N_a)$, que termina em uma região tipo N. Dessa forma, teremos o que se chama de uma junção PN, como mostra a Figura 2.1(b).

2.2 Características da Região de Depleção

Vamos analisar uma junção PN como a apresentada na Figura 2.2, onde assumimos que as concentrações de dopagem tanto do

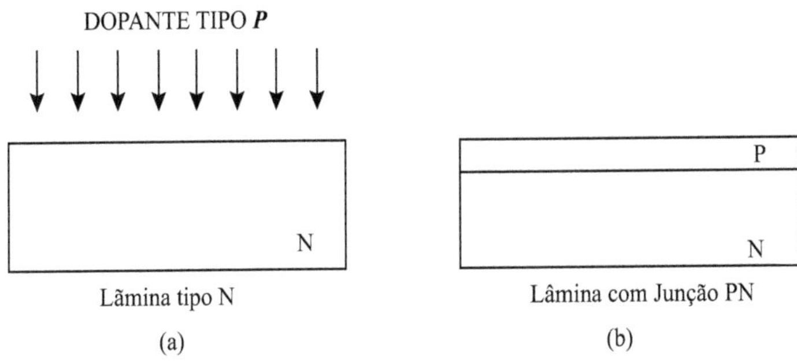

Fig. 2.1: (a) Lâmina de Si tipo N; (b) Junção PN, formada após a dopagem da superfície da lâmina com átomos aceitadores, formando uma região tipo P.

lado N (N_d) como do lado P (N_a) são constantes (formando a chamada junção abrupta). Devido à diferença nas cargas dos portadores dos lados N e P, é formada, em torno da junção metalúrgica, uma região onde os elétrons e lacunas livres são removidos, deixando neste espaço de material apenas os íons dos átomos doadores e aceitadores.

Como cada átomo doador representa uma carga positiva e cada átomo aceitador representa uma carga negativa, essa região espacial sem portadores livres é chamada de região de depleção ou ainda de região de carga espacial. É importante observar que a região de depleção possui uma alta carga fixa (carga positiva do lado N e carga negativa do lado P), resultando em um campo elétrico muito alto nessa pequena região.

Se fizermos um gráfico da banda de energia para a junção temos algo como apresentado na como mostra a Figura 2.3, onde o nível de Fermi tem que se ligar de forma contínua entre o lado P e o

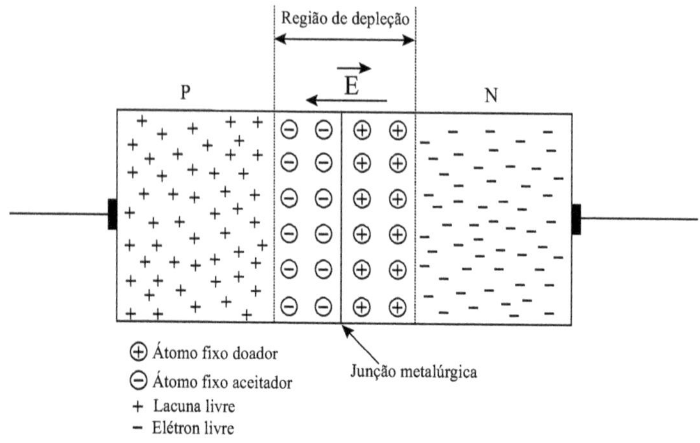

Fig. 2.2: Formação da região de depleção.

lado N. Com isso, como vemos no gráfico, tem que aparecer uma "barreira de energia" entre o lado N e o lado P igual a $q\Phi$. Note-se que, como vimos no Exemplo 1.1, o nível de Fermi está mais próximo da banda de valência do lado P, enquanto ele está mais próximo da banda de condução do lado N.

Se observarmos a Figura 2.3, vemos que, para o lado N, devido à diferença de energia $(E_F - E_C)$ existe uma diferença de potencial V_n, e portanto podemos escrever $q\,V_n = -(E_F - E_C)$. Do lado P, analogamente, temos o potencial V_p e podemos escrever $q\,V_p = (E_F - E_C)$.

Substituindo o valores de $(E_F - E_C = -q\,V_n)$ na Eq. 1.8, ficamos com:

$$n = N_d = N_C\,exp - \left(\frac{E_F - E_C}{kT}\right) = N_C\,exp\left(\frac{qV_n}{kT}\right) \tag{2.1}$$

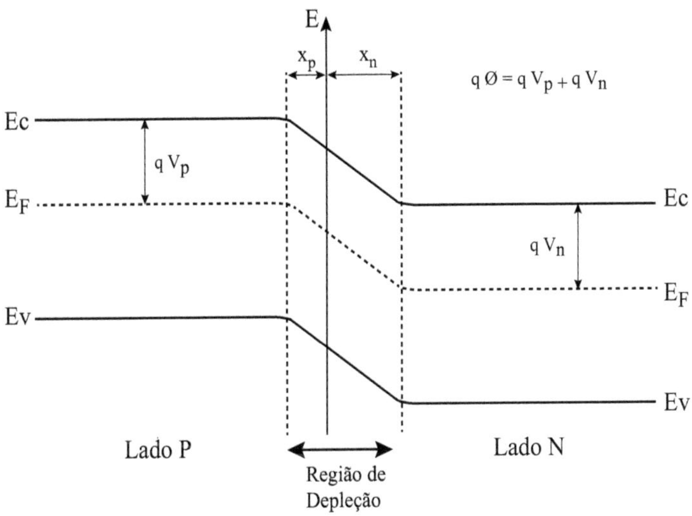

Fig. 2.3: Bandas de energia em uma junção.

resolvendo para V_n obtemos:

$$V_n = \frac{kT}{q} \, ln\left(\frac{N_C}{N_d}\right) \tag{2.2}$$

Usando o mesmo procedimento para o lado P, substituindo o valores de $(q\,V_p = E_F - E_C)$ na Eq. 1.8, ficamos com:

$$n = \frac{{n_i}^2}{N_a} = N_C \, exp\left(\frac{E_F - E_C}{kT}\right) = N_C \, exp\left(\frac{qV_p}{kT}\right) \tag{2.3}$$

e resolvendo para V_p obtemos:

$$V_p = \frac{kT}{q} \, ln\left(\frac{N_C N_a}{{n_i}^2}\right) \tag{2.4}$$

A partir das Eq. 2.1 e Eq. 2.4 podemos calcular a diferença de potencial total que aparece na junção, a chamada de tensão de *built-in* (ou de potencial interno) que existe em uma junção PN em equilíbrio térmico, como sendo $\Phi = V_n - V_p$:

$$\Phi = V_n - V_p = \frac{kT}{q} ln\left(\frac{N_C}{N_d}\right) - \frac{kT}{q} ln\left(\frac{N_C N_a}{{n_i}^2}\right) \tag{2.5}$$

ou, colocando kT/q em evidência e lembrando que $ln(a) - ln(b) = ln(a/b)$:

$$\Phi = V_n - V_p = \frac{kT}{q} ln\left(\frac{N_d N_a}{{n_i}^2}\right) \tag{2.6}$$

Para uma junção típica com $N_d = 1\text{x}10^{16}$ atm/cm^3 e $N_a = 1\text{x}10^{14}$ atm/cm^3, temos $\Phi \approx 550$ mV.

Na Figura 2.4 temos um gráfico que mostra a densidade de cargas ρ na região de depleção em uma junção, que se estende até $-x_p$ do lado P e até x_n do lado N, com as cargas fixas N_a e N_d dos átomos na região.

Para manter a neutralidade do cristal, é necessário que as cargas em cada um dos lados da região de depleção sejam iguais:

$$qN_a x_p = qN_d x_n \tag{2.7}$$

onde a carga na região P é $qN_a x_p$ enquanto a carga do lado N é $qN_d x_n$. Vemos que quanto menos dopada for uma região, maior é a espessura da região de depleção nesta região.

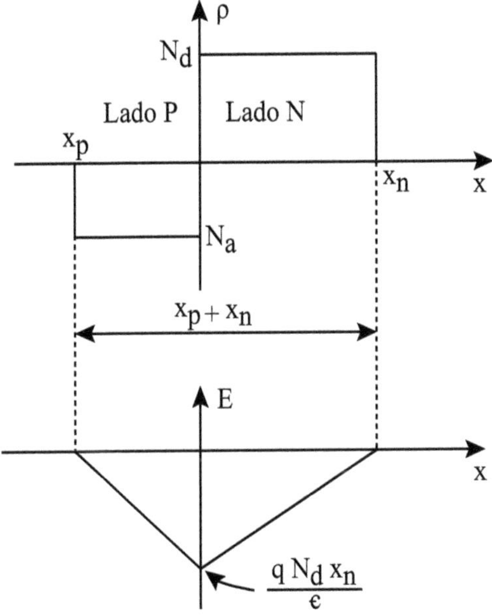

Fig. 2.4: Gráfico da densidade de cargas ρ na região de depleção de uma junção e o respectivo do campo elétrico.

Portanto podemos escrever que

$$x_p = \frac{N_d x_n}{N_a} \ ; \ x_n = \frac{N_a x_p}{N_d} \tag{2.8}$$

Vamos calcular x_p (lado da junção com dopagem N_a), lembrando que o mesmo procedimento de cálculo se aplica ao lado da junção com dopagem N_d, para o cálculo de x_n. A relação de Poisson nos dá:

$$\frac{d^2V}{dx^2} = \frac{\rho}{\epsilon_s} = \frac{qN_a}{\epsilon_s} \tag{2.9}$$

onde ρ é a densidade de cargas e ϵ_s é a permissividade elétrica do silício.

Como $E = -\frac{dV}{dx}$, integrando a Eq. 10 temos

$$E = -\int \frac{qN_a}{\epsilon_s} dx = -\left(\frac{qN_a}{\epsilon_s} x + C_1\right) \tag{2.10}$$

Como o campo elétrico fora da região de depleção tem que ser nulo para $x = -x_p$, podemos calcular o valor da constante de integração C_1 aplicando esta condição de contorno na Eq. 2.10:

$$0 = -\frac{qN_a}{\epsilon_s}(-x_p) + C_1 \tag{2.11}$$

ou seja:

$$C_1 = -\frac{qN_a}{\epsilon_s}(-x_p) = \frac{qN_a}{\epsilon_s}(x_p) \tag{2.12}$$

Logo

$$E = -\left(\frac{qN_a}{\epsilon_s} x + C_1\right) = -\left(\frac{qN_a}{\epsilon_s} x + \frac{qN_a}{\epsilon_s} x_p\right) \tag{2.13}$$

Portanto

$$E(x) = -\frac{qN_a(x + x_p)}{\epsilon_s} \tag{2.14}$$

Fazendo o mesmo procedimento para o lado N, encontramos

$$E(x) = \frac{qN_d(x - x_n)}{\epsilon_s} \tag{2.15}$$

onde o campo máximo ocorre para $x = 0$ e vale

$$E_{max} = \frac{qN_d x_n}{\epsilon} = -\frac{qN_a x_p}{\epsilon}. \tag{2.16}$$

Se assumirmos que o potencial para $x = -x_p$ é zero, o potencial do lado P (lado com dopagem N_a), em $x = 0$, é a integral do campo, que neste caso é simplesmente a área sobre a reta $E(x)$, para X variando entre $-x_p$ e 0:

$$V_p = \frac{qN_a {x_p}^2}{2\epsilon} \tag{2.17}$$

Analogamente para o lado N temos:

$$V_n = \frac{qN_d {x_n}^2}{2\epsilon} \tag{2.18}$$

A tensão total sobre a junção quando aplicamos uma tensão reversa externa V_R é então:

$$\Phi + V_R = V_n + V_p = \frac{qN_d {x_n}^2}{2\epsilon} + \frac{qN_a {x_p}^2}{2\epsilon} = \frac{q}{2\epsilon}\left(N_d {x_n}^2 + N_a {x_p}^2\right) \tag{2.19}$$

ou seja

$$\Phi + V_R = \frac{q}{2\epsilon}\left(N_d {x_n}^2 + N_a {x_p}^2\right) \tag{2.20}$$

onde Φ é dado pela Eq 2.6.

Da Eq 2.8 podemos escrever $x_p = N_d x_n / N_a$. Substituindo este valor de x_p na Eq 2.20, resulta em:

$$\Phi + V_R = \frac{qN_d {x_n}^2}{2\epsilon}\left(1 + \frac{N_d}{N_a}\right) \tag{2.21}$$

Resolvendo esta Eq 2.21 obtemos

$$x_n = \left[\frac{2\epsilon(\Phi + V_R)}{qN_d\left(1 + \frac{N_d}{N_a}\right)}\right]^{1/2} \tag{2.22}$$

Isolando x_n da Eq 2.8 obtemos $x_n = N_a x_p / N_d$, e substituindo este valor de x_n na Eq 2.21, resulta em:

$$\Phi + V_R = \frac{qN_a {x_p}^2}{2\epsilon}\left(1 + \frac{N_a}{N_d}\right) \tag{2.23}$$

Resolvendo esta Eq 2.23 calculamos o valor de x_p como:

$$x_p = \left[\frac{2\epsilon(\Phi + V_R)}{qN_a\left(1 + \frac{N_a}{N_d}\right)}\right]^{1/2} \tag{2.24}$$

Observando as equações de x_n e x_p, vemos que a região de depleção se extende dentro das regiões N e P em uma relação inversa às concentrações N_a e N_d, e com uma relação proporcional a $\sqrt{\Phi + V_R}$.

É importante observar que se $N_a >> N_D$ ou $N_d >> N_a$, a região de depleção irá estender-se praticamente apenas dentro do lado menos dopado.

2.3 Capacitância de uma junção

A formação da região de depleção, com cargas de polaridades opostas em cada um dos lados, cuja quantidade de cargas varia em função da tensão aplicada, dá origem a uma capacitância que pode ser escrita como:

$$C_j = \frac{dQ}{dV_R} \tag{2.25}$$

Multiplicando o numerador e o denominador por dx_p obtemos:

$$C_j = \frac{dQ}{dx_p}\frac{dx_p}{dV_R} \tag{2.26}$$

Como vimos na Eq 2.7, a neutralidade do cristal força que a variação de carga em relação à variação do comprimento da região de depleção (x_p ou x_n) seja igual dos dois lados, de forma que podemos escrever, por exemplo, para o lado N, que a variação de carga dQ para uma variação de comprimento dx_n é dada por:

$$dQ = A_j q N_d dx_n \tag{2.27}$$

onde A_j é a área da junção.

Portanto temos

$$\frac{dQ}{dx_n} = A_j q N_d \tag{2.28}$$

Substituindo a Eq 2.28 na Eq 2.26 obtemos:

$$C_j = A_j q N_d \frac{dx_n}{dV_R} \tag{2.29}$$

Derivando a Eq 2.22 (que nos fornece x_n) em relação a V_R obtemos:

$$\frac{dx_n}{dV_R} = \left(\frac{\epsilon}{2qN_d\left(1 + \frac{N_d}{N_a}\right)(\phi + V_R)} \right)^{1/2} \tag{2.30}$$

Finalmente, substituindo a Eq 2.30 na Eq 2.29 obtemos uma expressão para a capacitância de junção de uma junção abrupta:

$$C_j = A_j \left(\frac{q\epsilon N_a N_d}{2(N_a + N_d)} \right)^{1/2} \cdot \frac{1}{(\Phi + V_R)^{1/2}} \tag{2.31}$$

ou

$$C_j = \frac{C_{j0}}{(\Phi + V_R)^{1/2}} \tag{2.32}$$

onde C_{j0} é o valor de C_j para $V_R = 0$.

A Eq 2.32 foi desenvolvida para tensões reversas, porém também é válida para tensões diretas, desde que a tensão aplicada seja tal que a corrente que flui na junção seja pequena (normalmente para tensões diretas menores do que $\Phi/2$). De uma forma geral, para qualquer tipo de junção, a expressão da capacitância de junção pode ser dada por:

$$C_j = \frac{C_{j0}}{(\Phi - V_D)^{1/m}} \tag{2.33}$$

onde m varia entre 2 e 3. Note que V_D é positivo para polarização direta e negativo para polarização reversa.

2.4 Ruptura de uma junção

Quando o campo elétrico em uma junção reversa atinge o valor chamado de "Campo Crítico" (E_{crit}), os portadores dentro do silício atingem energias que, ao se chocarem com átomos fixos, podem gerar novos pares elétrons-lacunas. Estes novos pares são também acelerados pelo campo crítico, criando novos pares. Esse fenômeno é chamado de Multiplicação por Avalanche e leva à ruptura da junção, ou seja, a corrente que passa na junção reversa aumenta de forma incontrolável (a não ser por meio de dispositivo externo, como um resistor).

O valor de tensão em que esse fenômeno ocorre (chamado de tensão de ruptura ou *breakdown*) pode ser calculado lembrando que o campo crítico no silício é algo em torno de 3x10^5 V/cm até 1x10^6 V/cm. Tendo sido calculado o valor de x_p (ou x_n) em função de V_R (como acabamos de mostrar), basta usar a Eq 2.16, que fornece o campo máximo na junção, e igualar ao valor de E_{crit}.

$$E_{max} = \frac{qN_d x_n}{\epsilon} = -\frac{qN_a x_p}{\epsilon} = E_{crit}. \tag{2.34}$$

Utilizando o valor de x_n (ou x_p) obtido nas Eq 2.22 e Eq 2.24 e substituindo na Eq 2.34, podemos calcular o valor do campo máximo em função das dopagens N_a,N_d e da tensão reversa V_R aplicada à junção:

$$|E_{max}| = \left[\frac{2qN_a N_d V_R}{\epsilon(N_a + N_d)}\right]^{1/2} \tag{2.35}$$

Resolvendo a Eq 2.35 para V_R obtemos:

$$V_R = E_{max}^2 \frac{\epsilon(N_a + N_d)}{2qN_aN_d} \tag{2.36}$$

2.5 Noções de eficiência de injeção em uma junção

Vamos considerar uma junção como a apresentada na Figura 2.5. Isolando o campo elétrico da Eq. 1.34 obtemos:

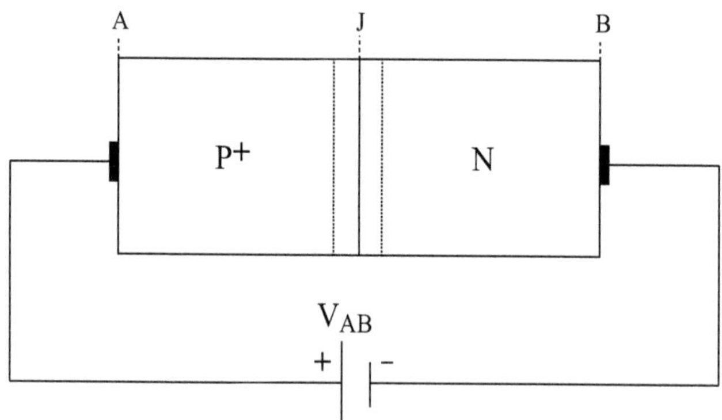

Fig. 2.5: Junção assimétrica, com o lado P muito mais dopado do que o lado N.

$$E = \frac{V_T}{p}\left(\frac{J_p}{qD_p} + \frac{dp}{dx}\right) \tag{2.37}$$

Substituindo este valor do campo elétrico E da Eq. 2.37 na Eq. 1.33 e multiplicando ambos os lados da equação resultante por p, ficamos com

$$\frac{pJ_n}{qD_n} = \frac{nJ_p}{qD_p} + n\frac{dp}{dx} + p\frac{dn}{dx} \tag{2.38}$$

Sabemos que dado o produto de duas funções u e v, a sua derivada é $d(u \cdot v) = udv + vdu$; Portanto, os últimos dois termos da Eq. 2.38 podem ser escritos como:

$$n\frac{dp}{dx} + p\frac{dn}{dx} = \frac{d}{dx}(n \cdot p) \tag{2.39}$$

Com isso, escrevemos a Eq. 2.38 como:

$$p\frac{J_n}{qD_n} - n\frac{J_p}{qD_p} = \frac{d}{dx}(p \cdot n) \tag{2.40}$$

Lembrando que o produto pn se mantém constante ao longo da junção:

$$pn_{(A)} = pn_{(B)} = {n_i}^2 \tag{2.41}$$

a derivada $d(pn)/dx$ é nula, e a Eq. 2.40 fica simplificada para:

$$p\frac{J_n}{qD_n} = n\frac{J_p}{qD_p} \tag{2.42}$$

Integrando a Eq. 2.42 entre os dois contatos ôhmicos A e B da junção temos:

$$\int_A^B p\frac{J_n}{D_n}dx = \int_A^B n\frac{J_p}{D_p}dx \tag{2.43}$$

Se desprezarmos a recombinação, teremos as correntes J_n e J_p são contantes ao longo da junção. Definimos a relação entre a corrente gerada pelo lado mais dopado da junção e o lado menos dopado γ como sendo a "eficiência de injeção" da junção. No nosso exemplo, a relação J_p/J_n pode ser escrita a partir da Eq. 2.43 como:

$$\gamma = \frac{J_p}{J_n} = \frac{\int_A^B \frac{p}{D_n} dx}{\int_A^B \frac{n}{D_p} dx} \tag{2.44}$$

Para pequenos níveis de injeção de corrente na junção, de forma que $p << N_a$ e $n << N_d$, podemos escrever que:

$$\int_A^J p dx = \int_A^J N_a dx \tag{2.45}$$

$$\int_J^B n dx = \int_J^B N_d dx \tag{2.46}$$

e a eficiência de injeção da junção pode ser escrita simplesmente como:

$$\gamma = \frac{D_p}{D_n} \frac{\int_A^J N_a dx}{\int_J^B N_d dx} \tag{2.47}$$

Se as junções tivessem dopagens constantes, a Eq. 2.47 ficaria simplificada para:

$$\gamma = \frac{D_p}{D_n} \frac{N_a W_P}{N_d W_N} \tag{2.48}$$

Exemplo 1: Como exemplo, vamos calcular, usando a Eq. 2.48, o valor da eficiência de injeção de uma junção que tenha dopagens constantes $N_a = 10^{20} \text{atm cm}^{-3}$, $N_D = 10^{18} \text{atm cm}^{-3}$ e larguras das regiões N e P iguais a $W_N = 0.5\mu\text{m}$ e $W_P = 2\mu\text{m}$:

$$\gamma = \frac{D_p}{D_n}\frac{N_a W_P}{N_d W_N} = \frac{45\,10^{20}\,2\mu\text{m}}{350\,10^{18}\,0.5\mu\text{m}} = 51$$

2.6 Fluxo de correntes em uma junção P-N

Vamos considerar uma junção PN com área A. com perfis de dopagens $N_a(x)$ e $N_d(x)$, submetida a uma tensão de polarização direta V_d, como indicado na Figura 2.6.

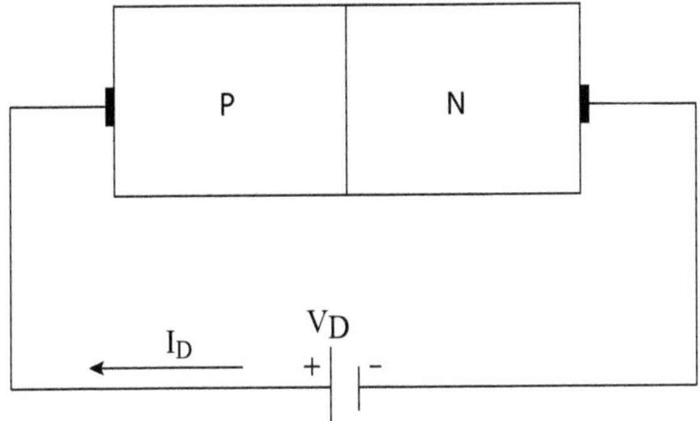

Fig. 2.6: Junção PN submetida a uma tensão V_D.

Se a tensão direta V_D aplicada à junção for maior do que a tensão de *built-in*, os elétrons do lado N ganham energia suficiente para subir a barreira de potencial $q\Phi$ enquanto as lacunas do lado P também ganham energia suficiente para descer a mesma barreira de potencial.

O potencial positivo aplicado ao lado P repele as lacunas do terminal do anodo, fazendo-as cruzar a região de depleção e atingir o lado P. Ao atingir o lado P, essas lacunas são atraídos pelo potencial negativo do terminal do catodo, e abandonam o diodo por esse terminal, indo para a fonte de alimentação V_D, gerando uma corrente de saturação devido às lacunas, J_p.

O potencial negativo aplicado ao lado N repele os elétrons do terminal do catodo, fazendo-os cruzar a região de depleção e atingir o lado N. Ao atingir o lado N, esses elétrons são atraídos pelo potencial positivo do terminal do anodo, e abandonam o diodo por esse terminal, indo para a fonte de alimentação V_D, gerando uma corrente de saturação devido aos elétrons, J_n. Essas correntes aparecem na ilustração da Figura 2.7.

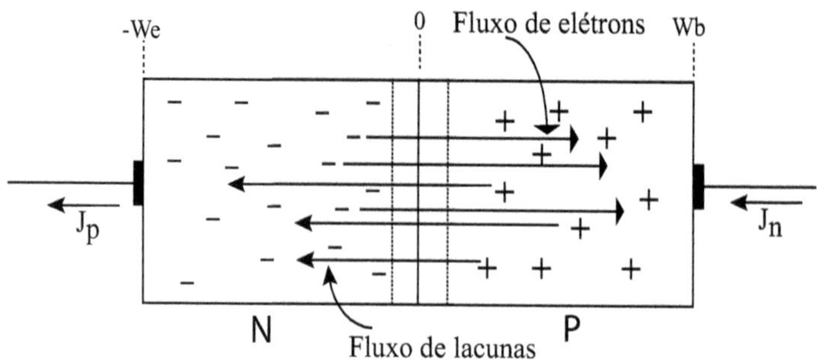

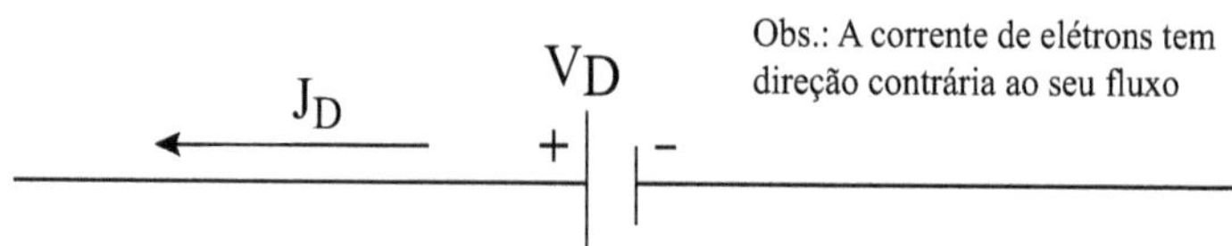

Fig. 2.7: Correntes geradas numa junção PN submetida a uma tensão de polarização direta V_D.

Para esta junção genérica, como apresentado por Rey e Leturcq em *Théorie Aprofondie du Transistor Bipolaire*, os fluxos de corrente de elétrons J_n e de lacunas J_p na junção são escritos como:

$$J_n = qni^2 \frac{D_n}{\int_0^{Wb} N_a(x)dx} \left[exp(\frac{V_D}{V_T}) - 1 \right] \quad (2.49)$$

$$J_p = qni^2 \frac{D_p}{\int_{-We}^{0} N_d(x)dx} \left[exp(\frac{V_D}{V_T}) - 1 \right] \quad (2.50)$$

onde J_n é a densidade da corrente de elétrons que são injetados pelo lado N no lado P e J_p é a densidade da corrente de lacunas que são injetadas pelo lado P no lado N. Para sermos precisos no cálculo de J_n e J_p, as integrais nos denominadores das equações Eq. 2.49 e Eq. 2.50 devem ser calculadas com origem no início da região de depleção, e não no zero (onde ocorre a junção metalúrgica). A importância de como calcular corretamente as integrais ficará clara no Capítulo 3, quando apresentarmos o chamado efeito Early em transistores.

Também cabe lembrar que estas expressões são válidas para os chamados "diodos curtos", onde os valores de W_b e W_e são menores do que os comprimentos de difusão dos elétrons e lacunas, L_n e L_p. Nos casos onde isso não é verdade, as integrais devem ser calculadas até o limite do comprimento de difusão dos elétrons e lacunas, dados, respectivamente, por $L_n = \sqrt{D_n \tau_n}$ e $L_p = \sqrt{D_p \tau_p}$.

Definindo

$$J_{Sn} = \frac{qn_i^2 D_n}{\int_0^{Wb} N_a(x)dx} \quad (2.51)$$

e

$$J_{Sp} = \frac{qn_i^2 D_p}{\int_{-We}^{0} N_d(x)dx} \tag{2.52}$$

como, respectivamente, as correntes de saturação dos elétrons e das lacunas, definimos como sendo a densidade de corrente de saturação da junção PN:

$$J_S = J_{Sp} + J_{Sn} \tag{2.53}$$

Dessa forma, podemos escrever a expressão que rege o comportamento tensão x corrente da junção PN como:

$$J = J_S[exp(\frac{V_D}{V_T}) - 1] \tag{2.54}$$

Quando aplicamos uma tensão direta maior do que a tensão de *built-in* (barreira de potencial), temos $exp(\frac{V_D}{V_T}) >> 1$, e a corrente total através de uma junção com corrente de saturação J_S e área A pode ser escrita de forma simplificada como:

$$I_D = J_S A\left[exp\left(\frac{V_D}{V_T}\right)\right] = I_s\left[exp\left(\frac{V_D}{V_T}\right)\right] \tag{2.55}$$

onde $I_S = J_S A$.

2.7 Caracterização de uma junção P-N

Em primeiro lugar é importante lembrar que é impossível medir as correntes de lacunas ou elétrons (I_{sp}, I_{sn}) independentemente, pois elas sempre aparecem somadas nos terminais externos da junção. A forma de se levantar o parâmetro I_S de uma junção

P-N é realizar uma medida de I_D em função de V_D.

Se aplicarmos ln dos dois lados da equação deduzida para I_D, obtemos:

$$ln(I_D) = ln\left[I_s\, exp\left(\frac{V_D}{V_T}\right)\right] \tag{2.56}$$

$$ln(I_D) = ln(I_s) + \left(\frac{1}{V_T}\right)V_D \tag{2.57}$$

o que é a equação de uma reta com coeficiente linear $ln(I_S)$ e coeficiente angular $\frac{1}{V_T}$.

Ao fazermos um gráfico de lnI_DxV_D teremos um gráfico como mostrado na Figura 2.8, onde obtemos uma reta com inclinação $\frac{1}{V_T}$ e cuja intersecção com o eixo ln I_D ocorre em $ln(I_{es})$.

Portanto, basta prolongar a reta I_Dx$\mathrm{V_D}$ até encontrar o eixo y, que o valor da corrente de saturação da junção é precisamente determinado. Deve-se tomar cuidado em utilizar apenas o trecho da curva onde a inclinação for exatamente $\frac{1}{V_T}$ e prolongar este trecho de reta.

A forma mais comum de se encontrar a junção PN em um dispositivo elctrônico é o diodo. Entretanto, os diodos, por construção, apresentam problemas tanto para níveis muito baixos de corrente (correntes de fuga pelas bordas da junção), como para níveis muito altos de corrente (resistência série e alta injeção de portadores), e é normal vermos curvas como a apresentada na Figura 2.9, onde temos trechos da curva que não têm inclinação $1/V_T$.

Nas regiões onde a inclinação da reta não é exatamente igual

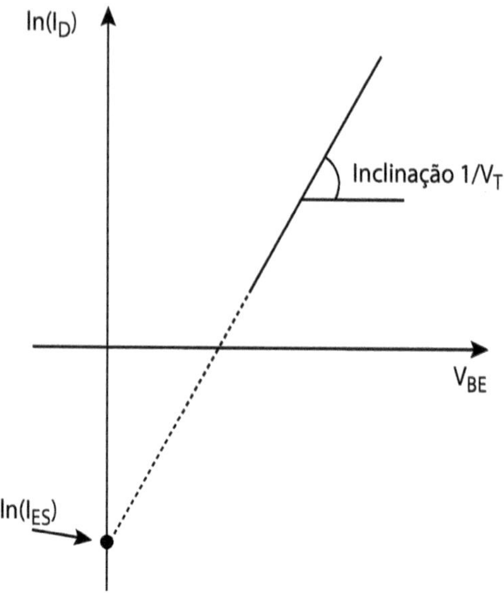

Fig. 2.8: Gráfico de $ln(I_D)$xV$_D$

a $1/V_T$, a equação do diodo é modificada e escrita como:

$$I_D = I_s \, exp\left(\frac{V_D}{m \, V_T}\right) \tag{2.58}$$

onde, geralmente, $1 < m < 2$. Os valores de $m > 1$ são muito comuns em diodos, devido às correntes de fuga que circulam pelas laterais da junção.

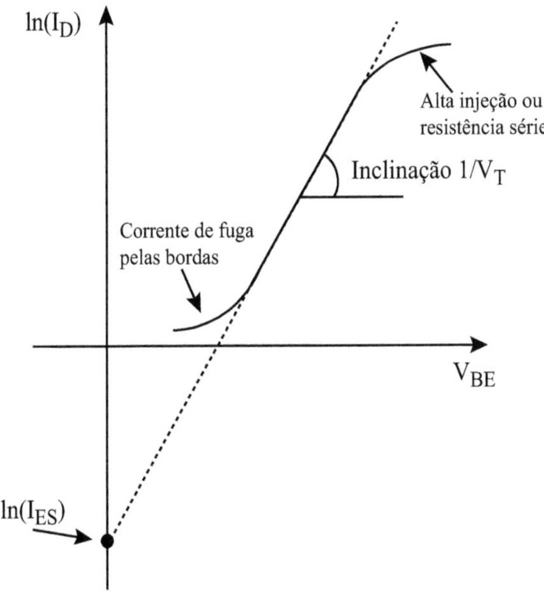

Fig. 2.9: Gráfico de $ln(I_D)$x$\mathrm{V_D}$ com regiões que não possuem inclinação $\frac{1}{V_T}$.

2.8 Exercícios do Capítulo 2

2.1 - Calcule a tensão de *built-in* para uma junção abrupta que possui dopagens de $N_d = 2\text{x}10^{16}\text{atm/cm}^{-3}$ e $N_a = 1\text{x}10^{17}\text{atm/cm}^{-3}$.

2.2 - Sabendo que o valor do ϵ_s no silício é $\epsilon_s = \epsilon_r \, \epsilon_0 = (11{,}8)(8{,}85\text{x}10^{-14} = 1{,}04\text{x}10^{-12}\text{F/cm}$, calcule os valores dos tamanhos das regiões de depleção x_n e x_p para a junção abrupta do exercício anterior, se uma tensão reversa exterior $V_R = 5$ V é aplicada à junção.

2.3 - Calcule o campo elétrico máximo que temos na junção abrupta do exercício anterior, com a tensão $V_R = 5$ V aplicada à junção.

2.4 - Se o campo crítico no silício (maior campo que é possível de ser suportado antes que a junção entre na ruptura) for considerado com E_{crit} = 1x10^5 V/cm, calcule a tensão de ruptura da junção do exercício 1.1.

2.5 - Calcule o valor da eficiência de injeção (razão entre a corrente de elétrons J_n e a corrente de lacunas J_p) de uma junção com dopagens constantes $N_d = 10^{20}$atm cm^{-3} e $N_a = 10^{17}$atm cm^{-3}, e larguras das regiões N e P iguais a W_N = 1,5 μm e W_P = 0,5 μm.

2.6 - Para a junção do exercício anterior, calcule a corrente de saturação de elétrons J_{sn} e a corrente de saturação de lacunas J_{sp}.

2.7 - Usando os valores de J_{sn} e J_{sp} calculados no exercício anterior, calcule a corrente de saturação da junção J_s. Calcule também o valor da corrente que passaria pela junção se polarizada com um tensão direta V_D = 600 mV, se a área da junção é de 1mm^2.

2.8 - Um diodo foi caracterizado e as seguintes medidas foram obtidas:

Tab. 2.1: Valores medidos de I_C em função de V_D .

V_D [mV]	I_D [mA]
600	0,4
625	0,8
650	1,6

Trace a reta $ln(I_D)$xV$_D$. Calcule o valor da inclinação da reta $ln(I_D)$xV$_D$ e comente se as medidas parecem estar corretas, se as medidas foram feitas numa temperatura tal que V_T = 25 mV.

2.9 - Calcule, para o diodo do exercício anterior, o valor da corrente de saturação do diodo.

2.10 - Calcule, para o mesmo diodo, o valor de I_D se uma tensão $V_D = 635$ mV é aplicada.

Capítulo 3

O Diodo Semicondutor

3.1 O Diodo Retificador

O diodo é o dispositivo semicondutor mais simples que existe, já que consiste apenas de uma junção PN, com um contato ôhmico em cada um dos lados. Na Figura 3.1 temos fotos de três diodos comerciais: um diodo de baixa corrente ($I_D \leq 100$ mA), um diodo de média corrente ($I_D \leq 5$ A), e um diodo de alta corrente ($I_D \leq 20$ A).

Como vimos no Cap. 2, a equação que rege a relação tensão x corrente em um diodo é:

$$I_D = I_S \left[exp\left(\frac{V_D}{V_T}\right) - 1 \right] \tag{3.1}$$

No exemplo 3.1 vamos calcular, com objetivos didáticos, a corrente de saturação I_S de um diodo com área $A = 1\,\text{mm}^2$ e com as dopagens constantes indicadas na Figura 3.2.

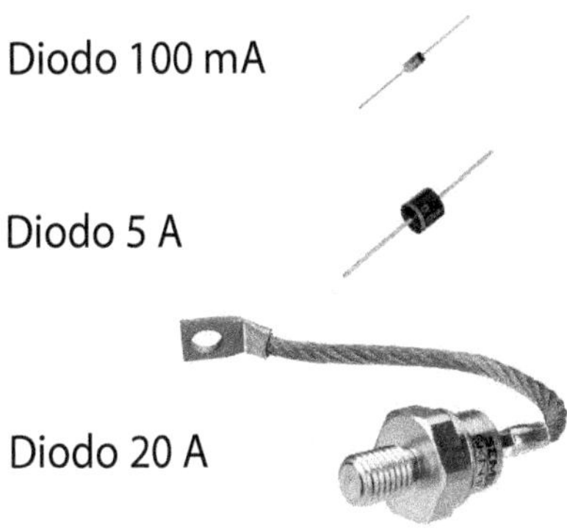

Fig. 3.1: Imagens de diodos comerciais: (a) baixa corrente; (b) média corrente; (c) alta corrente.

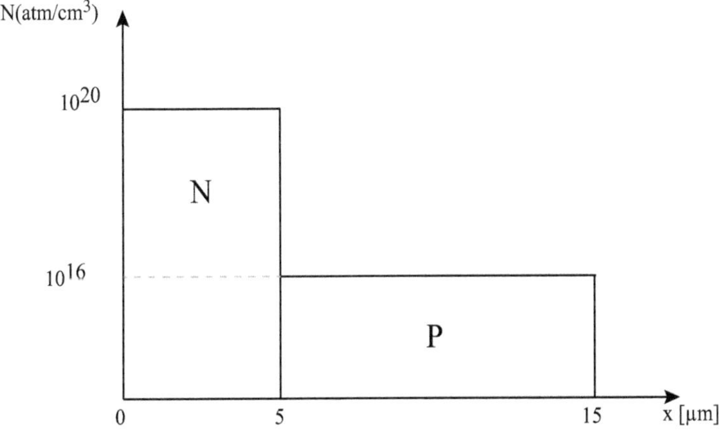

Fig. 3.2: Diodo PN com área $A = 1\,\text{mm}^2$.

Exemplo 3.1

Como vimos no Cap. 1, a densidade da corrente de saturação da junção é dada por:

$$J_S = qn_i^2 \left[\frac{D_n}{\int_0^{Wb} N_a(x)dx} + \frac{D_p}{\int_{-We}^{0} N_d(x)dx} \right] \tag{3.2}$$

Para os valores de $N_a = 1\text{x}10^{16}\text{atm/cm}^3$, $Wb = 10\,\mu m$, $N_d = 1\text{x}10^{20}\text{atm/cm}^3$ e $We = 5\,\mu m$, obtemos :

$\int_0^{Wb} N_a(x)dx = 1\text{x}10^{13}\text{atm/cm}^2$

e

$\int_{-We}^{0} N_d(x)dx = 5\text{x}10^{16}\text{atm/cm}^2$.

Usando a relação de Einstein (Eq. 1.29, Eq. 1.30) e o gráfico da mobilidade em função da dopagem (Figura 1.7), calculamos $D_n = 1{,}95\,\text{cm}^2/\text{s}$ e $D_p = 9{,}5\,\text{cm}^2/\text{s}$. Lembrando que $n_i^2 = 2{,}2\text{x}10^{20}$, $q = -1{,}6\text{x}10^{-19}$ C e como $A = 1\,\text{mm}^2$, calculamos o valor de $I_S = 6{,}9\text{x}10^{-14}$ A.

É interessante calcularmos, para este valor de $I_S = 6{,}9\text{x}10^{-14}$ A, usando a Eq. 3.1, os valores de I_D para diversos valores de V_D, tanto positivos como negativos. Estes valores são apresentados na Tab. 3.1.

Nesta Tab. 3.1, podemos notar regiões distintas:

i) Para tensões $V_D \geq 0{,}8$, V as correntes são muito altas, incompatíveis com as densidades máximas de corrente usadas em

Tab. 3.1: Corrente I_D na junção PN, em função da tensão aplicada V_D

V_D [V]	$I_D(A)$
1,0	6360
0,9	128
0,8	2,6
0,7	51,8x10^{-3}
0,6	1,0x10^{-3}
0,5	20,9x10^{-6}
0,4	0,4x10^{-6}
0,3	8,5x10^{-9}
0,2	1,7x10^{-10}
0,1	3,3x10^{-12}
0,0	0
-0,1	$-$6,7x10^{-14}
-0,5	$-$6,9x10^{-14}
-1,0	$-$6,9x10^{-14}
-5,0	$-$6,9x10^{-14}
-50,0	$-$6,9x10^{-14}

diodos, que é de 1000 A/cm^2. No caso deste diodo do Exemplo 2.1, que possui $A = 1\,\text{mm}^2$, a maior corrente que deveria circular neste dispositivo seria $I_{Dmax} = 10$ A.

ii) Para tensões 0,5 $\leq V_D \leq$ 0,8 V, as correntes estão em um nível "normal", ficando entre 20μA e 2,6 A. Portanto, nessa faixa de tensões, temos praticamente todas as correntes "possíveis" no diodo.

iii) Para 0 $\leq V_D \leq$ 0,4 V, as correntes que circulam na junção são muito pequenas (da ordem de nA), e normalmente podem ser desprezadas e consideradas nulas ($I_D \approx 0$).

iv) Para tensões negativas, a corrente é praticamente constante, igual à corrente de saturação da junção (I_S).

Com isso, podemos simplificar o modelo do diodo, considerando que, quando a tensão é reversa ou menor do que V_D, a corrente no diodo é nula (ou seja, não conduz); e quando o diodo está conduzindo, a tensão V_D está na faixa de 600 mV ou 800 mV.

3.1.1 Simplificações do Modelo da Junção Direta

Na Figura 3.3 vemos o gráfico de uma curva real do diodo do exemplo 2.1 para baixas correntes ($I_D \leq 2$ mA) e a sua aproximação com corrente constante. Na Figura 3.4 apresentamos a mesma comparação, porém para correntes mais altas ($I_D \leq 3$ A).

Esse modelo com corrente constante, além de ser o mais simples, é também o mais utilizado no cálculo de diodos em circuitos eletrônicos.

Outro modelo de diodo que pode ser utilizado é o da aproximação linear para a corrente no diodo. Para isso calculamos, na curva I_D x V_D do diodo, os valores de V_D para dois valores de I_D dentro da faixa de operação do diodo: um valor V_{D0} para baixa corrente (I_{D0}) e um valor V_{D1} para alta corrente (I_{D1}), como apresentado na Figura 3.5.

Calculamos uma equação de reta com estes pontos:

$$I_D = mV_D + n \tag{3.3}$$

onde o coeficiente angular é dado por

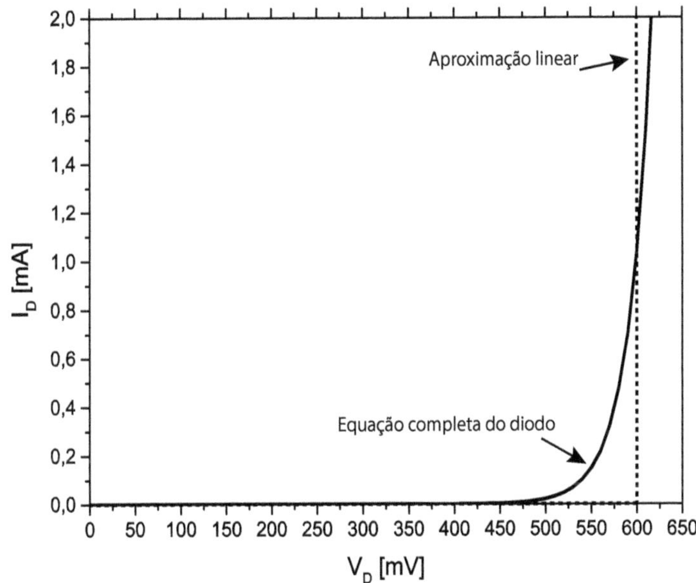

Fig. 3.3: Curva I_D x V_D para baixas correntes usando a equação completa do diodo (Eq. 3.1), e uma aproximação com corrente constante, com $V_D = 660$ mV.

$$m = \frac{I_{D1} - I_{D0}}{V_{D1} - V_{D0}} \tag{3.4}$$

e o coeficiente linear é

$$n = I_{D0} - mV_{D0} = I_{D0} - \left(\frac{I_{D1} - I_{D0}}{V_{D1} - V_{D0}}\right) V_{D0} \tag{3.5}$$

É importante lembrar que a aproximação do funcionamento do diodo pela Eq. 3.3 só é válida para $I_D \geq 0$, ou seja, $V_D \geq -n/m$.

Fica claro que esta aproximação linear é muito mais precisa que

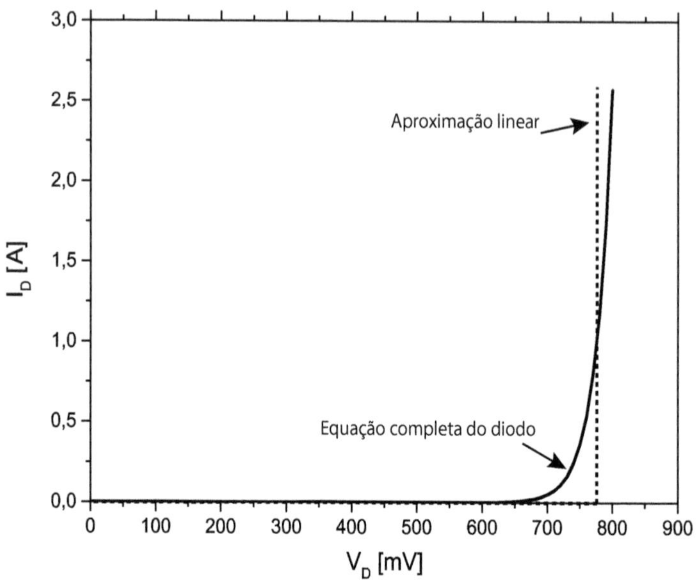

Fig. 3.4: Curva I_D x V_D para altas correntes usando a equação completa do diodo (Eq. 3.1), e uma aproximação com corrente constante, com $V_D = 780$ mV.

a aproximação por corrente constante. Entretanto, a dificuldade adicional para realizar este modelamento faz com que, na prática, raramente seja usado.

Neste ponto é importante responder uma pergunta: se a expressão de I_D x V_D é uma expressão exponencial simples, por que a necessidade de utilizarmos um modelo simplificado para o diodo? Para responder a esta pergunta, vamos calcular o circuito mais simples que existe para um diodo, composto por um diodo um resistor e uma fonte de alimentação, como apresentado na Figura 3.6.

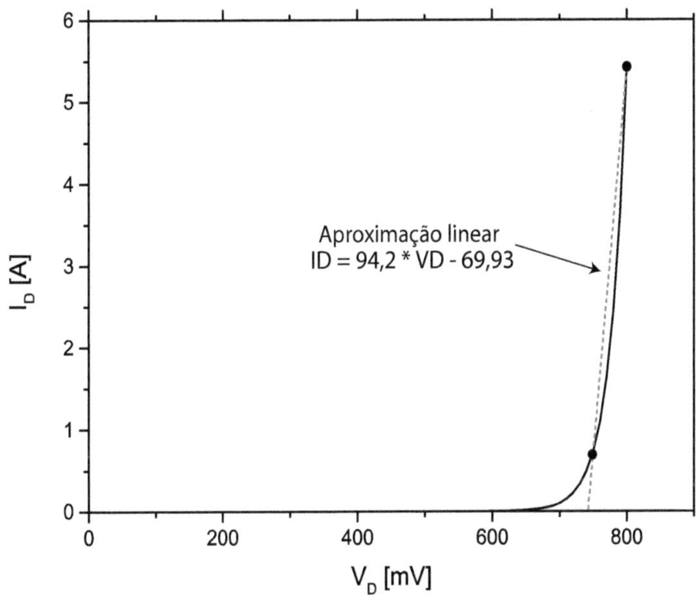

Fig. 3.5: Curva I_D x V_D e aproximação linear do diodo, usando a Eq. 3.3.

Podemos escrever a equação da única malha existente no circuito da Figura 3.6 como:

$$V_{cc} = V_D + RI_D \tag{3.6}$$

Sabemos que, de acordo com a Eq. 3.1, a relação entre a corrente e a tensão no diodo é $I_D = I_S\left[exp\left(\frac{V_D}{V_T}\right) - 1\right]$. Como, por simples inspeção, vemos que o diodo está sob polarização direta, esta expressão pode ser simplificada, como vimos no Capitulo 1, para $I_D = I_S\, exp\left(\frac{V_D}{V_T}\right)$.

Substituindo a expressão de I_D na Eq. 3.6 ficamos com:

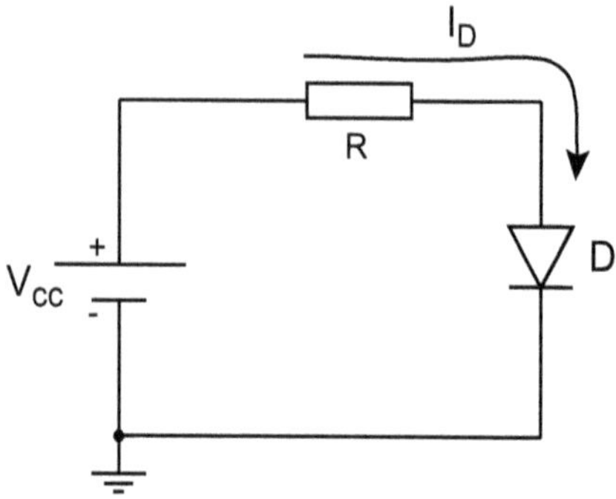

Fig. 3.6: Circuito simples com diodo, resistor e fonte de alimentação.

$$V_{cc} = V_D + R\,I_S\left[exp\left(\frac{V_D}{V_T}\right)\right] \tag{3.7}$$

Como V_{cc}, I_S e V_T são conhecidos, ficamos com uma equação que possui apenas uma incógnita: V_D. Entretanto, a Eq. 3.7 não possui solução analítica (é uma equação transcendental), e só podemos encontrar uma solução para V_D através de algum método numérico! Se o circuito mais simples que podemos fazer com um diodo já não admite solução analítica, podemos concluir que a utilização de uma aproximação é extremamente necessária para a solução de circuitos manualmente.

Se utilizarmos o modelo de corrente constante, a solução do circuito da Figura 3.6 fica trivial. Vamos então resolver o circuito para V_{cc} = 10 V e R = 10kΩ. Como, para polarização direta, podemos assumir um valor de $V_D \approx 600$ mV, a solução da Eq. 3.6 é simplesmente:

$$I_D = \frac{V_{cc} - V_D}{R} = \frac{10 - 0{,}6}{10\,\text{k}\Omega} \approx 0{,}94\text{mA} \tag{3.8}$$

Se considerássemos o valor da tensão sobre o diodo como $V_D =$ 800 mV, o valor da corrente no diodo seria $I_D = 0{,}92$ mA, ou seja, uma diferença de apenas cerca de 2% entre as respostas.

Evidentemente, o valor de V_D usado na aproximação pode ser ajustado depois do primeiro cálculo, dependendo do valor da corrente I_D obtido. Se o valor de I_D for alto, devemos usar valores de V_D altos na aproximaçao (por exemplo $V_D = 800$ mV; se o valor de I_D for pequeno, devemos usar valores de V_D mais baixos (por exemplo, $V_D = 600$ mV).

3.1.2 Circuitos com diodos

A solução de circuitos com diodos é baseada na premissa de que se o diodo está sob polarização direta, com tensão suficiente para estar conduzindo, a queda de tensão sobre o diodo é de $V_D \approx 600$ mV. Caso contrário, o diodo não conduz (a corrente é zero) e ele pode ser considerado com um circuito aberto. A seguir apresentamos alguns exemplos de soluções de circuitos com diodos.

Exemplo 2.2

Calcule as tensões indicadas e as correntes em todos os ramos do circuito apresentado na Figura 3.7.

Resposta: Em primeiro lugar vamos examinar o ramo do circuito formado por R_1, D_0. Se observarmos o circuito, vemos que o diodo D_0 está polarizado reversamente, com a tensão mais alta (vinda da fonte de tensão V_{cc}) aplicada através do resistor R_1 no

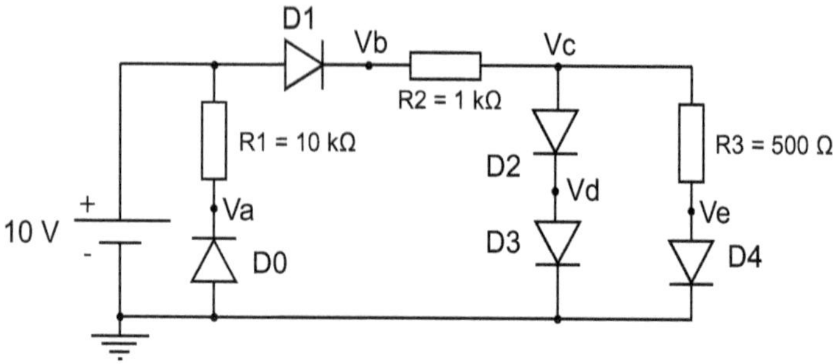

Fig. 3.7: Circuito com diodos.

seu terminal de catodo (lado P da junção).

Dessa forma, como não temos nenhuma informação sobre a tensão de ruptura de D_0, assumimos que os 10 V da fonte V_{cc} não são suficientes para romper a junção, e o diodo não está conduzindo (está cortado, com corrente nula, se desprezarmos a corrente de fuga reversa do diodo). Logo, temos $I_{D0} = I_{R1} = 0$. Como a queda de tensão em R_1 é nula, a tensão V_a é igal a V_{cc}, ou seja, $V_A = 10$ V.

Vamos agora analisar o ramo formado por D_2,D_3. Vamos, inicialmente, assumir que, como os dois diodos estão polarizados diretamente, que a tensão no ponto V_c seja igual a $V_c = V_{D2} + V_{D3}$, ou seja, $V_c = 0{,}6\text{V} + 0{,}6\text{V} = 12$ V. Se esta hipótese não puder ser confirmada ao fim dos cálculos, teremos que rever a hipótese de que os diodos D_2,D_3 estão conduzindo.

Se $V_c = 1{,}2$ V, podemos calcular a corrente que passa em D_1 e R_2, que estão em série. A tensão sobre D_1 e R_2 é igual a $V_{cc} - V_c = 10 - 1{,}2 = 8{,}8$ V. Como a queda sobre D_1, que está polarizado diretamente, é de $V_D = 0{,}6$ V, a tensão que sobra sobre o resistor

R_2 é $V_{R2} = 8{,}8 - 0{,}6 = 8{,}2$ V. Com isso podemos calcular a corrente que passa em D_1 e R_2 como $I_{D1} = I_{R2} = V_{R2}/R_2 = 8{,}2/1\text{k}\Omega = 8{,}2$ mA.

Finalmente vamos analisar o ramo formado por R_3,D_4. Como a tensão V_c foi calculada como sendo $V_C = 1{,}2$ V e o diodo D_4 está polarizado diretamente (logo $V_{D4} = 0{,}6$ V), a tensão sobre R_3 é $V_{R3} = 1{,}2 - 0{,}6 = 0{,}6$ V. Portanto, a corrente sobre R_3 (que é igual à corrente em D_4) é $I_{R3} = V_{R3}/R_3 = 0{,}6/500\Omega = 1{,}2$ mA.

Feitoss todos os cálculos, é necessário verificar a consistência dos valores obtidos, já que tudo foi feito com base na hipótese de que $V_c = 1{,}2$ V, ou seja, a corrente que circula em D_2,D_3 é suficiente para polarizar estes diodos (podemos dizer que uma corrente de pelo menos $1\,\mu$A seria suficiente). Para fazer esta verificação, vamos calcular a corrente que passa nos diodos D_2,D_3. Esta corrente é simplesmente a diferença entre a corrente que passa no ramo de D_1 e R_2 e a corrente que passa no ramo de R_3, D_4, ou seja, $I_{D2} = I_{D3} = 8{,}2\text{mA} - 1{,}2\,\text{mA} = 7{,}0$ mA. Como vemos, este valor de corrente é perfeitamente compatível com a hipótese de que D_2,D_3 esteja conduzindo, com $V_{D2} = V_{D3} = 0{,}6$ V.

3.2 O diodo sob polarização reversa

Como vemos pelos resultados obtidos na Tab. 3.1 na região de tensões negativas, teoricamente a corrente que deveria passar pelo diodo sob polarização reversa (no sentido do catodo para anodo) seria de, no máximo, $I_R = -6{,}9\text{x}10^{-14}$ A. Entretanto, ao consultarmos uma folha de dados de um diodo comercial, como a do diodo 1N4148 apresentada na Figura 3.8, vemos que mesmo para tensões baixas (10 V) a corrente reversa, que é cerca de 15 nA, é de 5 a 6 ordens de grandeza maior do que a teórica (que seria da ordem de 10^{-14} A).

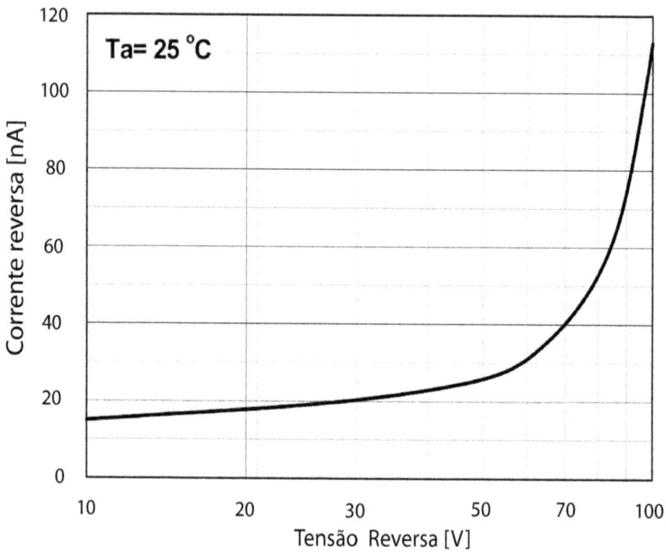

Fig. 3.8: Curva do diodo 1N4148 sob polarização reversa.

Para tensões mais altas (até 70 V), a corrente aumenta lentamente, chegando a 30 nA. Finalmente, quando a tensão aumenta acima de 70 V, a corrente começa a aumentar abruptamente, indicando que estamos chegando perto da tensão de ruptura da junção, justificando este aumento para altas tensões.

A dúvida que pode surgir para o leitor é por que a corrente reversa é tão alta (dezenas de nA), quando era pra ser praticamente desprezível (x10^{-14} A). O grande responsável por este problema é a parte externa da junção, nas laterias do diodo, como indicado na Figura 3.9. Após a lâmina ser difundida e metalizada em ambas as superfícies, ela é cortada, com uma serra de diamante em alta velocidade (tipicamente 30.000 RPM), de forma a formar os diodos individuais. A maioria dos diodos é cortada em forma de quadrados, desde 1 x 1 mm^2 (para diodos de baixa corrente) até 5 x 5 mm^2, para diodos de média corrente. Os diodos de alta e altíssima corrente são normalmente cortados de forma circular, com abrasão por jato d' água.

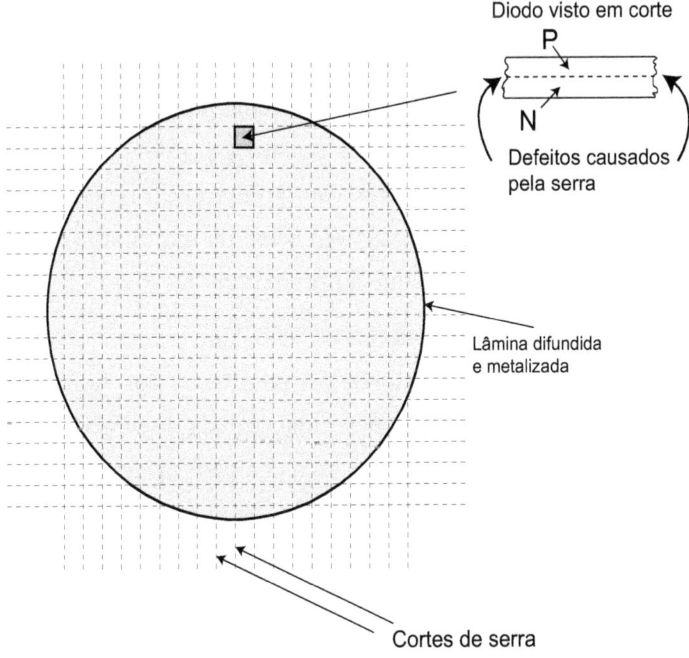

Fig. 3.9: Lâmina difundida e metalizada cortada e vista lateral de um diodo em corte.

Após o corte, a superfície lateral do diodo fica bastante danificada pela ação do disco da serra, sendo necessária uma corrosão química (*etching* químico) para eliminar os defeitos na superfície da lateral do diodo. Após a corrosão, embora livre de defeitos mecânicos, mesmo que os diodos estejam, dentro de uma sala limpa, com baixíssimo número de partículas no ar, a parte lateral da junção está exposta ao ar. Para altas tensões, com a deposição de partículas de água na parte lateral do diodo na região da junção, a corrente passa por esta parte externa do diodo.

Para diminuir este problema, após o *etching* químico e uma limpeza (o *etching* químico elimina os defeitos causados pela serra), a lateral do diodo é protegida com um silicone de altíssima resistividade, de forma que a corrente não circule pela lateral do diodo, e a tensão de ruptura não ocorra no silicone, mas sim dentro da junção. A este processo de proteção da lateral da junção dá-se o nome de passivação. Uma visão em corte de um diodo protegido por uma passivação de silicone é apresentado na Figura 3.10.

Outro tipo de técnica de passivação, que proporciona geralmente correntes de fuga menores, e a passivação por vidro. Nesta técnica, a junção é protegida por uma camada de vidro que é depositada em torno da junção, em uma chamada trincheira, cavada com um *etching* químico, que circula toda a junção.

O processo de formação do vidro (que é muito puro, para suportar altas tensões de ruptura) consiste na deposição sobre a lâmina, com um *spinner*, de uma solução já fornecida pronta (ou com o pó de vidro, que é diluído em água deionizada), sendo que depois o vidro é formado ao ser sinterizado em temperaturas em

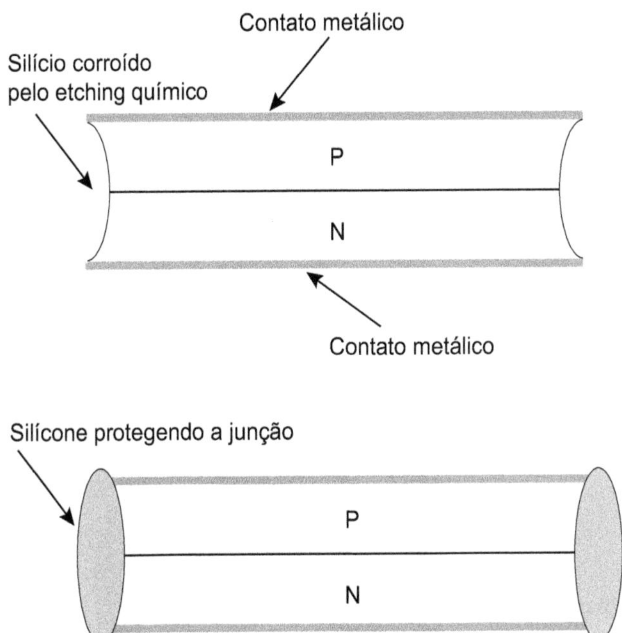

Fig. 3.10: Diagrama de um diodo em corte, protegido por uma passivação de silicone.

torno de 400 °C.

Na Figura 3.11 vemos um diodo fabricado com proteção da junção através de passivação com vidro.

Para mostrar a importância da passivação da junção, mostramos, na Figura 3.12, fotos da tela de um traçador de curvas, para um diodo de alta tensão (projetado para suportar tensões de até 1000 V) que foi medido: (a) primeiramente após o *etching* químico e a limpeza (ou seja, exposto ao ar); (b) depois de ter sido colocado em um ambiente inerte e seco (em N_2) e passivado com

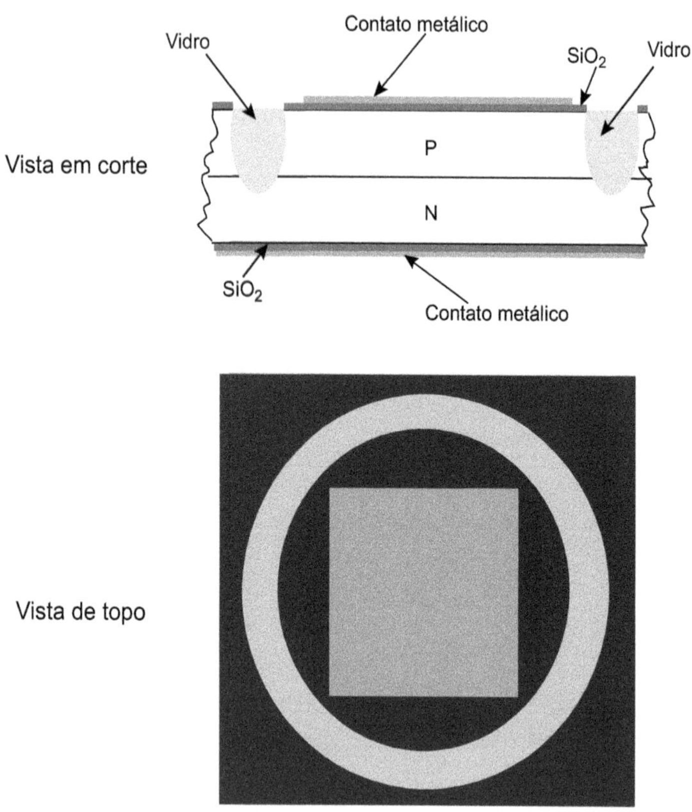

Fig. 3.11: Diodo protegido por uma passivação de vidro.

um silicone de alta pureza e alta tensão de ruptura.

As duas fotos foram tiradas com o mesmo ajuste no traçador de curvas: 100μA/div no eixo y e 200 V/div no eixo x. Como podemos observar, o diodo sem passivação (Figura 3.12(a)) apresenta correntes reversas de aproximadamente 200μA para tensões de 1000 V, e para tensões mais altas entra na ruptura, através de uma forma suave, ou seja a corrente continua aumentando até que a tensão de ruptura na junção seja atingida. Para o diodo passivado (Figura 3.12(b)), vemos que a corrente reversa é praticamente nula até chegarmos na tensão de ruptura. Quando a tensão de ruptura é atingida, ocorre um aumento abrupto da corrente, praticamente em uma linha paralela ao eixo y.

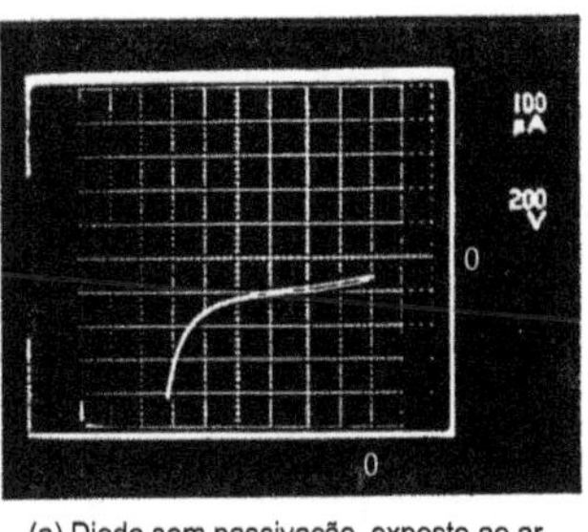

(a) Diodo sem passivação, exposto ao ar

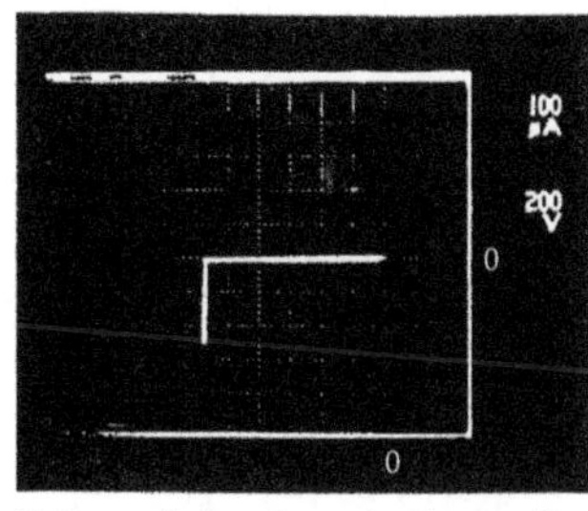

(b) Mesmo diodo, após passivação com silicone

Fig. 3.12: Comparação entre o mesmo diodo: (a) antes da passivação; (b) depois da passivação.

3.3 O diodo sob polarização reversa, na região de ruptura

Quando a polarização reversa aplicada a um diodo atinge o valor da tensão de ruptura da junção, a corrente reversa que circula no diodo só pode ser limitada através de um componente externo (normalmente um resistor), como mostra a Figura 3.13. Isso significa que a tensão sobre o diodo é independente da corrente (ou praticamente independente, como veremos a seguir), ou seja, a tensão sobre o diodo será constante, determinada pela tensão de ruptura da junção.

No circuito da Figura 3.13, se admitirmos que a corrente no zener é suficiente para que o diodo esteja na região de ruptura, a tensão sobre o diodo é igual V_Z, e podemos escrever

$$V_{CC} = V_Z + R_0 I_Z \tag{3.9}$$

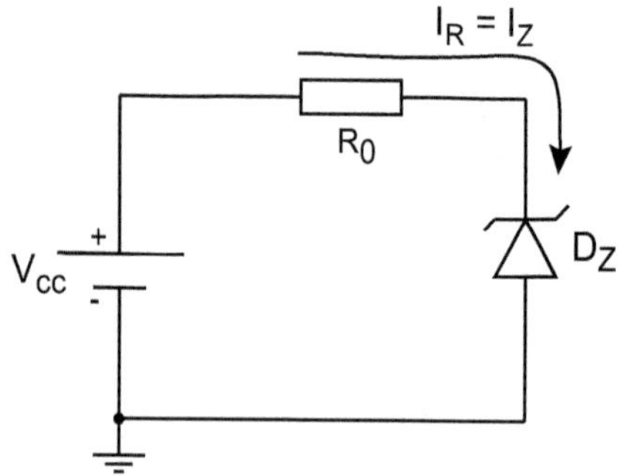

Fig. 3.13: Circuito com resistor e zener.

É possível fabricar diodos com tensões de ruptura controladas, sendo que estes diodos recebem o nome de Diodos Zener. Os símbolos mais comuns para o diodo zener são apresentados na Figura 3.14, sendo que, atualmente, o símbolo na Figura 3.14(a) é o mais utilizado.

Estes diodos possuem tensões de ruptura (também chamadas de tensão zener) que vão desde alguns volts até mais de uma centena de Volts. O menor valor de diodo zener que se encontra é $V_Z = 2{,}4$ V, e o maior valor é da ordem de 150 V. Devemos lembrar que um diodo zener é um diodo cuja tensão de ruptura é muito

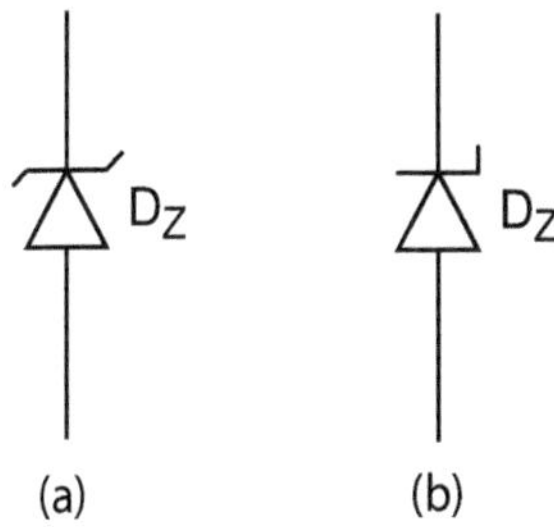

Fig. 3.14: Símbolos usados para o diodo zener.

bem especificada, porém, se polarizado diretamente, comporta-se como um diodo comum. A curva de corrente em função da tensão em um diodo zener é apresentada na Figura 3.15.

Usando a Figura 3.15, vamos definir os parâmetros que caracterizam um diodo zener. A curva do diodo na região de polarização direta não apresenta nenhuma diferença em relação ao que já discutimos anteriormente, na análise do diodo sob polarização direta.

Na região de polarização reversa, como se pode observar, existe uma região chamada de "região de joelho" (*knee region* em inglês), onde a tensão V_Z varia de forma não uniforme em função da corrente I_Z. Se a corrente que passa no diodo zener é menor do que I_{ZK}, é impossível determinar qual o valor da tensão V_Z, sendo, portanto, que o diodo zener não pode ser operado corretamente se $I_Z < I_{ZK}$. A primeira conclusão importante que tiramos é que, para operar corretamente (ou seja na região de ruptura), a corrente que deve passar pelo diodo zener deve ser no mínimo $I_Z = I_{ZK}$.

Os diodos zener quando são fabricados, são testados com uma corrente chamada de I_{ZT} (corrente de teste), que normalmente é

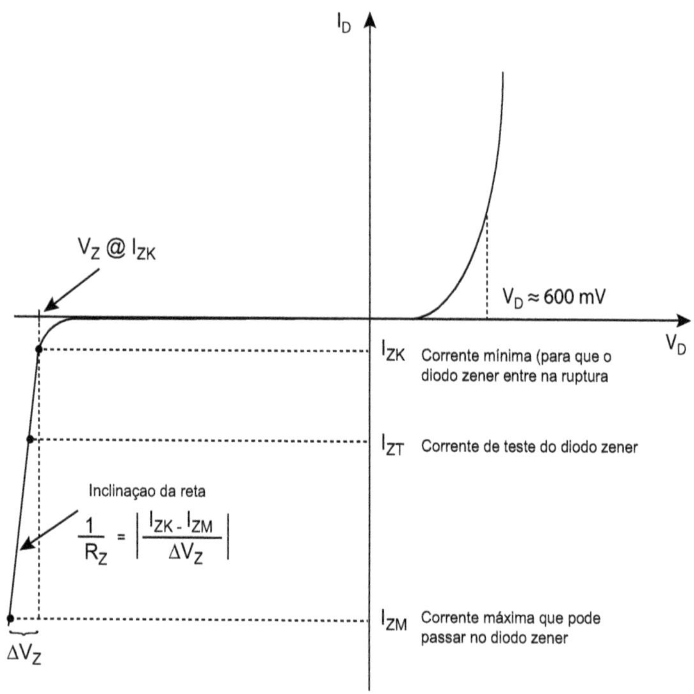

Fig. 3.15: Curva I_D x V_Z de um diodo zener.

muito maior do que a corrente mínima no zener I_{ZK}. É interessante observar que muitos fabricantes fornecem apenas o valor de V_Z para $I_Z = I_{ZT}$, o que traz sérias dificuldades para o projetista na hora de determinar qual a menor corrente que ele pode usar de forma a garantir que o diodo esteja na região de ruptura.

Ainda olhando o gráfico da Figura 3.15, vemos que existe uma corrente máxima que pode ser passada pelo diodo zener, $I_Z = I_{ZM}$. Essa corrente é determinada pela potência máxima que o diodo pode dissipar, que é dada por:

$$P_Z = V_Z I_{ZM} \tag{3.10}$$

Finalmente, da mesma Figura 3.15, concluímos que depois de entrar na ruptura, a tensão V_Z não é independente da corrente I_Z, mas varia de forma aproximadamente linear, e podemos modelar o diodo operando na região de ruptura como um zener ideal em série com um resistor R_Z, como vemos na Figura 3.16.

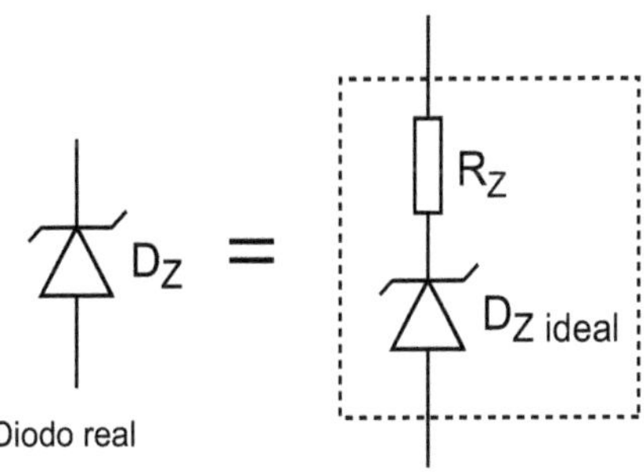

Fig. 3.16: Modelo de um diodo zener operando na região de ruptura.

A resistência série R_Z é obtida da folha de dados do fabricante, ou caso este valor não esteja disponível, pode-se calcular o valor de R_Z através dos valores de I_{ZT}, V_{ZT}, I_{ZK}, V_{ZK}, I_{ZM}, V_{ZM}, usando qualquer uma das seguintes expressões:

$$R_Z = \left|\frac{V_{ZK} - V_{ZT}}{I_{ZK} - I_{ZT}}\right| = \left|\frac{V_{ZK} - V_{ZM}}{I_{ZK} - I_{ZM}}\right| = \left|\frac{V_{ZT} - V_{ZM}}{I_{ZT} - I_{ZM}}\right| \tag{3.11}$$

Os diodos zener mais comuns são os diodos de 0,4 W, 0,5 W e 1 W, porém diodos com potência de até 5 W são facilmente encontrados e possuem baixo custo.

A partir do apresentado nesta seção, podemos estabelecer as condições para a operação correta de um diodo zener na região de ruptura:

i) Temos que garantir que uma corrente mínima circule no diodo, para garantir que ele esteja na região da ruptura: $I_Z \geq I_{ZK}$;

ii) Corrente máxima para garantir que o diodo zener não queime: $I_Z \leq I_{ZM}$.

Na Figura 3.17 vemos uma folha de dados de diodos zener fabricados pela Vishay Semiconductors. A Vishay fornece outro tipo de parâmetro para os seus diodos zener. Além de I_{ZT} (na folha de dados indicado como I_{ZT1}) e de I_{ZM}, no lugar de I_{ZK} é apresentado o parâmetro I_{ZT2}. Este valor de I_{ZT2} é um valor de corrente (de valor baixo, da ordem de 0,5 mA a 1 mA) para indicar um valor de corrente onde o zener já está na região de ruptura. Entretanto, o valor da tensão V_Z para a corrente I_{ZT2} não é informado.

3.3.1 Circuitos com diodos zener

Os diodos zener são utilizados quando existe a necessidade de se obter uma tensão constante em circuitos (na função de regulador de tensão), ou quando é necessário gerar uma queda de tensão independente da corrente, ou ainda de limitar uma tensão a um valor máximo. No exemplo 2.3 a seguir vamos analisar um circuito onde o zener é usado como regulador de tensão.

Exemplo 2.3

Na Figura 3.18 temos um circuito com um diodo zener que

possui $V_Z = 6$ V, $I_{ZK} = 2$ mA e $P_Z = 0{,}5$ W. Se a tensão V_i no circuito varia entre 10 V e 14 V, calcule o valor máximo e mínimo que o resistor R pode assumir para que o zener opere corretamente (na região de ruptura) e não queime.

Resposta: Em primeiro lugar, vamos calcular a corrente máxima que pode passar pelo zener sem que ele queime. Para isso vamos usar a Eq. 3.10, que apresenta a potência máxima que o zener suporta:

$$P_Z = V_Z \, I_{ZM} \rightarrow 0{,}5 = 6 \, I_{ZM}$$

logo $I_{ZM} = 0{,}5/6 = 83{,}3$ mA

Se o zener está operando corretamente, a tensão sobre o resistor R_L é igual a $V_Z = 6$ V, ou seja, a corrente I_{RL} é constante e vale $I_{RL} = 60$ mA. De posse deste valor, podemos calcular qual a menor corrente que pode passar pelo resistor R. A corrente mínima que deve passar por R deve ser tal que garanta que o zener esteja recebendo $I_{ZK} = 2$ mA e a carga R_L esteja recebendo a corrente $I_{RL} = 60$ mA, ou seja, a menor corrente sobre R é $I_R = 62$ mA.

Como a tensão V_i varia entre 10 V e 14 V, o pior caso para garantirmos que ao menos $I_R = 62$ mA estejam passando pelo resistor R é quando a tensão V_i é mínima, $V_i = 10$ V. Para este valor de V_i, com a corrente $I_R = 62$ mA, o valor de R é calculado como

$$R = \frac{(V_{imin} - V_Z)}{I_R} = \frac{10 - 6)}{0{,}062} = 64{,}5\Omega$$

Este é o maior valor de resistor que pode ser colocado no circuito para que o zener continue operando corretamente, já que para $R > 64{,}5\,\Omega$ não teríamos corrente suficiente para o zener e a carga.

Determinado o maior valor de resistor que se pode usar, vamos partir para o cálculo do menor valor de resistor que é possível de se usar no circuito sem que o zener queime. Para que o zener não queime, a maior corrente que pode passar sobre ele é $I_{ZM} = 83{,}3$ mA. Como a corrente na carga é $I_{RL} = 60$ mA, a corrente que passa no resistor nessa condiçao será $I_R = 83{,}3{+}62$, portanto $I_R =$ 145,3 mA. Temos que calcular o valor de R para que a corrente sobre ele não seja maior do que $I_R = 145{,}3$ mA no pior caso de tensão de entrada, ou seja, para $V_i = 14$ V. Temos, portanto:

$$R = \frac{(V_{imax} - V_Z)}{I_R} = \frac{(14 - 6)}{145{,}3\text{mA}} = 55\Omega$$

Esse valor de $R = 55\,\Omega$ é o menor valor de resistor que pode ser usado no circuito. Se o valor de R fosse menor do que esse, a corrente no zener seria maior do que $I_{ZM} = 83{,}3$ mA e o zener queimaria. Portanto, podemos escolher qualquer valor na faixa $55\Omega \leq R \leq 64{,}5\Omega$. O resistor comercial mais próximo (de precisão $\pm 5\%$) é o resistor de $R = 62\Omega$.

3.4 Comportamento térmico dos diodos

Como vemos na Eq. 1.29, a corrente no diodo depende da temperatura, já que a corrente de saturação I_S depende da mobilidade dos portadores (μ_n, μ_p), da constante de difusão dos portadores (D_n, D_p) e da concentração intrínseca dos portadores (n_i^2), e todos estes parâmetros apresentam alta sensibilidade com a temperatura.

Como resultado da variação destes parâmetros com a temperatura, a tensão V_D em um diodo apresenta uma variação com a temperatura que normalmente está dentro da faixa:

$$1{,}7\,\mathrm{mV/^\circ C} \leq \mathrm{V_D} \leq 2{,}3\,\mathrm{mV/^\circ C} \tag{3.12}$$

É importante observar que essa variação é pouco dependente da corrente que circula pelo diodo. Por exemplo, no circuito apresentado na Figura 3.19, o valor de V_D diminui com a temperatura (com valores de acordo com os apresentados na Eq. 3.12), embora a corrente no diodo aumente com o aumento da temperatura, já que a diminuição de V_D aumenta a tensão sobre R_1.

No próximo capítulo, onde apresentamos o transistor bipolar, o equacionamento da variação da tensão em uma junção em função da temperatura será apresentado em detalhes.

www.vishay.com

1N4728A to 1N4764A

Vishay Semiconductors

ELECTRICAL CHARACTERISTICS (T_{amb} = 25 °C, unless otherwise specified)									
PART NUMBER	ZENER VOLTAGE RANGE [(1)]	TEST CURRENT		REVERSE LEAKAGE CURRENT		DYNAMIC RESISTANCE f = 1 kHz		SURGE CURRENT [(3)]	REGULATOR CURRENT [(2)]
	V_Z at I_{ZT1}	I_{ZT1}	I_{ZT2}	I_R at V_R		Z_{ZT} at I_{ZT1}	Z_{ZK} at I_{ZT2}	I_R	I_{ZM}
	V	mA	mA	µA	V	Ω		mA	mA
	NOM.			MAX.		TYP.	MAX.		MAX.
1N4728A	3.3	76	1	100	1	10	400	1380	276
1N4729A	3.6	69	1	100	1	10	400	1260	252
1N4730A	3.9	64	1	50	1	9	400	1190	234
1N4731A	4.3	58	1	10	1	9	400	1070	217
1N4732A	4.7	53	1	10	1	8	500	970	193
1N4733A	5.1	49	1	10	1	7	550	890	178
1N4734A	5.6	45	1	10	2	5	600	810	162
1N4735A	6.2	41	1	10	3	2	700	730	146
1N4736A	6.8	37	1	10	4	3.5	700	660	133
1N4737A	7.5	34	0.5	10	5	4	700	605	121
1N4738A	8.2	31	0.5	10	6	4.5	700	550	110
1N4739A	9.1	28	0.5	10	7	5	700	500	100
1N4740A	10	25	0.25	10	7.6	7	700	454	91
1N4741A	11	23	0.25	5	8.4	8	700	414	83
1N4742A	12	21	0.25	5	9.1	9	700	380	76
1N4743A	13	19	0.25	5	9.9	10	700	344	69
1N4744A	15	17	0.25	5	11.4	14	700	304	61
1N4745A	16	15.5	0.25	5	12.2	16	700	285	57
1N4746A	18	14	0.25	5	13.7	20	750	250	50
1N4747A	20	12.5	0.25	5	15.2	22	750	225	45
1N4748A	22	11.5	0.25	5	16.7	23	750	205	41
1N4749A	24	10.5	0.25	5	18.2	25	750	190	38
1N4750A	27	9.5	0.25	5	20.6	35	750	170	34
1N4751A	30	8.5	0.25	5	22.8	40	1000	150	30
1N4752A	33	7.5	0.25	5	25.1	45	1000	135	27
1N4753A	36	7	0.25	5	27.4	50	1000	125	25
1N4754A	39	6.5	0.25	5	29.7	60	1000	115	23
1N4755A	43	6	0.25	5	32.7	70	1500	110	22
1N4756A	47	5.5	0.25	5	35.8	80	1500	95	19
1N4757A	51	5	0.25	5	38.8	95	1500	90	18
1N4758A	56	4.5	0.25	5	42.6	110	2000	80	16
1N4759A	62	4	0.25	5	47.1	125	2000	70	14
1N4760A	68	3.7	0.25	5	51.7	150	2000	65	13
1N4761A	75	3.3	0.25	5	56	175	2000	60	12
1N4762A	82	3	0.25	5	62.2	200	3000	55	11
1N4763A	91	2.8	0.25	5	69.2	250	3000	50	10
1N4764A	100	2.5	0.25	5	76	350	3000	45	9

Notes

(1) Based on DC measurement at thermal equilibrium while maintaining the lead temperature (T_L) at 30 °C + 1 °C, 9.5 mm (3/8") from the diode body

(2) Valid provided that electrodes at a distance of 4 mm from case are kept at ambient temperature

(3) t_p = 10 ms.

Rev. 2.4, 02-Jun-14 — 2 — Document Number: 85816

For technical questions within your region: DiodesAmericas@vishay.com, DiodesAsia@vishay.com, DiodesEurope@vishay.com

THIS DOCUMENT IS SUBJECT TO CHANGE WITHOUT NOTICE. THE PRODUCTS DESCRIBED HEREIN AND THIS DOCUMENT ARE SUBJECT TO SPECIFIC DISCLAIMERS, SET FORTH AT www.vishay.com/doc?91000

Fig. 3.17: Folha de dados de diodos zener fabricados pela Vishay Semiconductors.

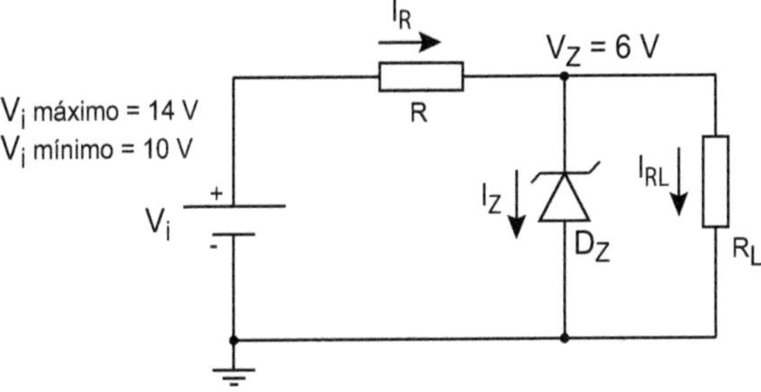

Fig. 3.18: Circuito regulador de tensão simples, usando diodo zener.

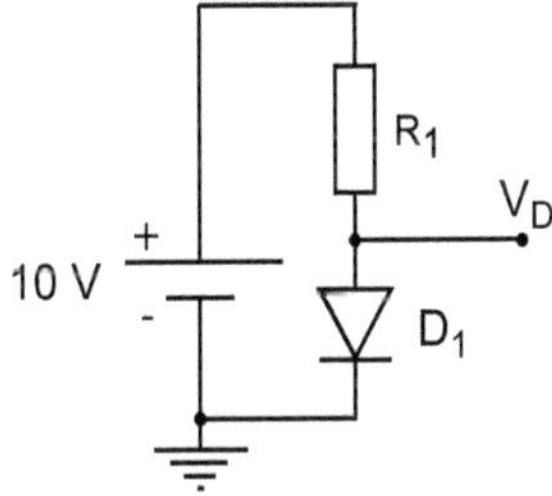

Fig. 3.19: A tensão V_D diminui com o aumento da temperatura, embora a corrente no diodo aumente com a temperatura.

3.5 Exercícios do Capítulo 3

3.1 - Dado um diodo que possui corrente de saturação $I_S = 1x10^{-14}$ A, calcule o erro entre a corrente real no diodo quando submetido a tensões de $V_D = 650$ mV e $V_D = 700$ mV e o valor de uma aproximação por corrente constante no diodo, com $I_D = 10$ mA. Considere $V_T = 25$ mV.

3.2 - Para o mesmo diodo do exercício anterior, calcule uma equação de reta que passe pelos pontos de $V_D = 650$ mV e $V_D = 700$ mV e compare o erro no valor da corrente calculado através da equação da reta e da equação do diodo, para $I_D = 10$ mA. Considere $V_T = 25$ mV.

3.3 - Para o circuito circuito da Figura 3.20, onde o mesmo diodo do exercício anterior foi utilizado, calcule o valor da corrente no diodo usando uma aproximação de que $V_D = 600$ mV.

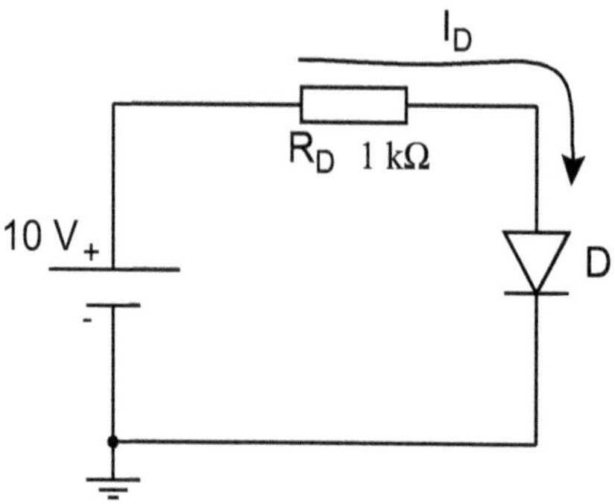

Fig. 3.20: Circuito com resistor e diodo.

3.4 - Para o mesmo circuito, calcule o valor da corrente no diodo, agora usando uma aproximação de que $V_D = 700$ mV.

3.5 - Para o mesmo circuito da Figura 3.20, podemos escrever que:

$$10 = V_D + R_D I_D = V_D + R\left(I_S\, exp\left(\frac{V_D}{V_T}\right)\right) \tag{3.13}$$

Calcule a corrente real no diodo (use um método iterativo para resolver numericamente a Eq. 3.13) e compare com o valores de corrente calculados nos exercícios 3.3 e 3.4. O que você acha das aproximações?

3.6 - Calcule os valores das tensões e correntes dos circuitos apresentados na Figura 3.21.

3.7 - Calcule, para o circuito da Figura 3.22, qual o maior valor de resistor de carga R_L que pode ser usado neste regulador de tensão, para que o zener de $V_Z = 10$ V e potência $P_Z = 1$ W não queime.

3.8 - Para o circuito da Figura 3.23, calcule qual o maior valor que o resistor R_D pode ter para que o circuito funcione corretamente, dado que a corrente mínima no diodo zener é $I_{Zmin} = 2$ mA.

3.9 - Calcule o maior e o menor valor que a tensão V_i pode atingir para que o circuito da Figura 3.24 funcione e o diodo zener (que tem potência de $P_Z = 400$ mW) não queime.

3.10 - Calcule, para o circuito da Figura 3.25, o valor das correntes em todos os componentes e a tensão V_A. O diodo zener possui $V_Z = 3$ V @ $I_Z = 1$ mA e uma resistência série $R_Z = 5\ \Omega$.

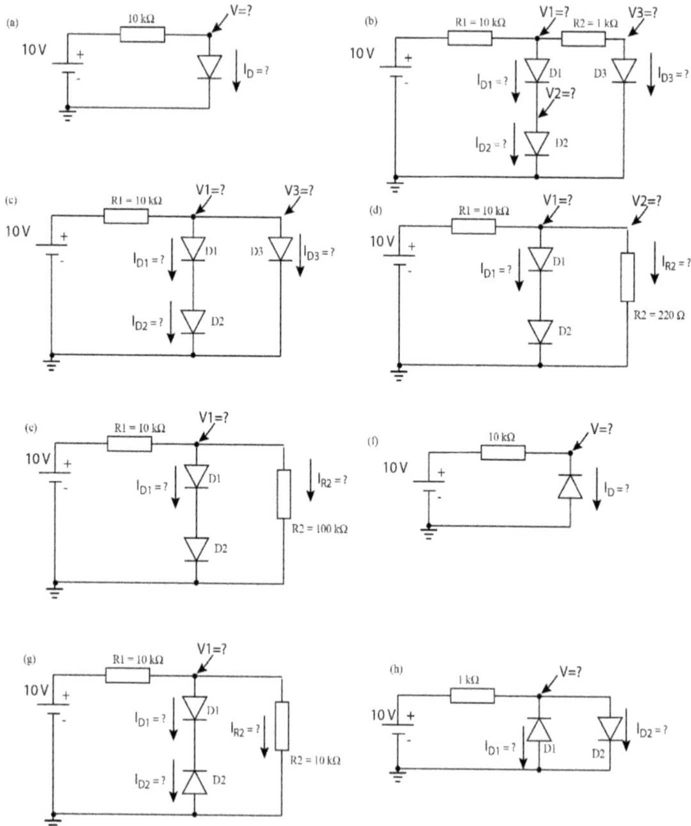

Fig. 3.21: Circuitos com resistores e diodos.

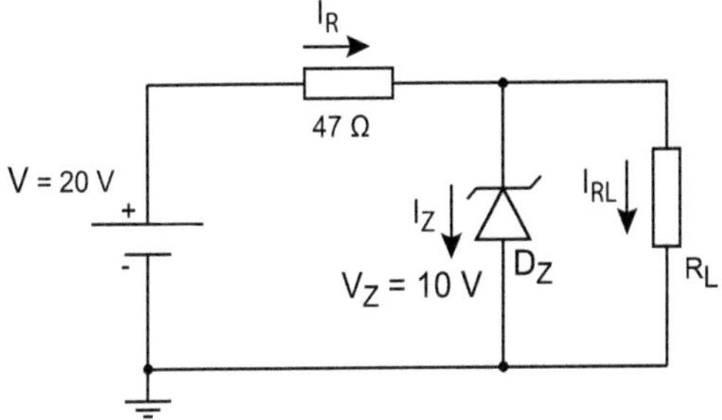

Fig. 3.22: Circuitos regulador de tensão.

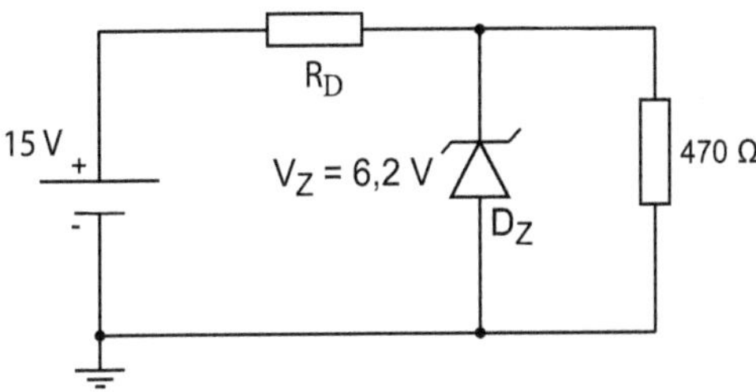

Fig. 3.23: Circuito regulador de tensão.

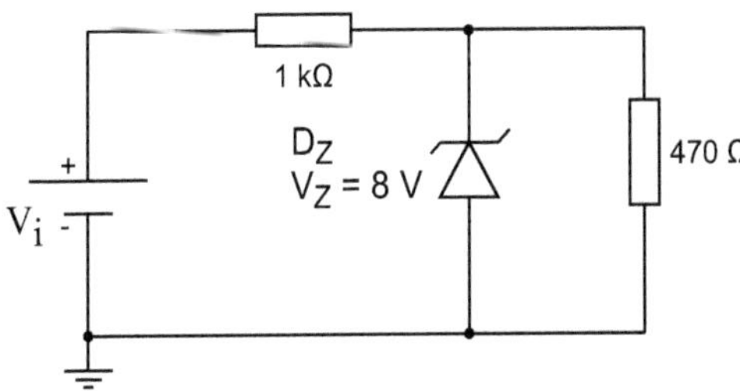

Fig. 3.24: Circuito regulador de tensão.

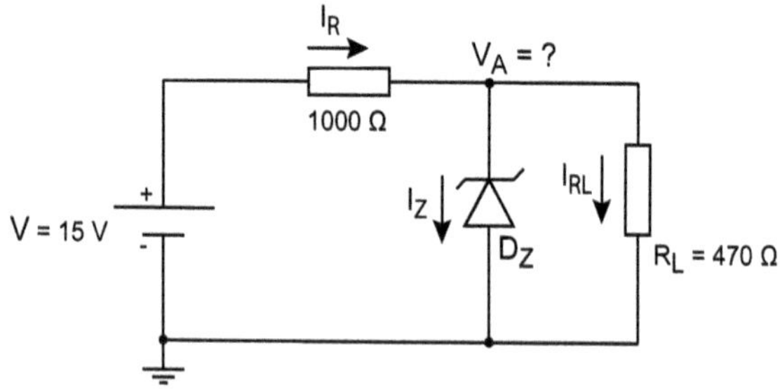

Fig. 3.25: Circuito com zener “real”.

Capítulo 4

O Transistor Bipolar

4.1 Estrutura do transistor bipolar

O transistor bipolar é um dispositivo semicondutor formado por um pedaço de semicondutor, dopado de forma a termos três camadas diferentes, porém contínuas, N-P-N ou P-N-P, como apresentado na Figura 4.1. A região central, tipo N no transistor PNP e tipo P no transistor NPN, é chamada de Base (B). As regiões das extremidades são chamadas, respectivamente, Emissor (E) e Coletor (C).

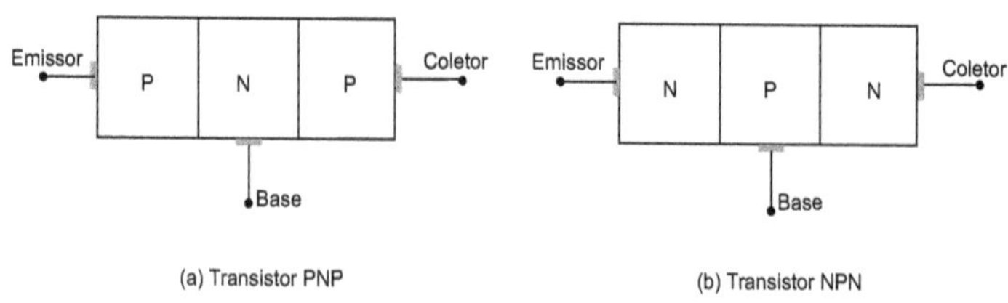

Fig. 4.1: Transistor (a) PNP; (b) NPN.

Os símbolos usados para os transistores PNP e NPN são apresentados na Figura 4.2. A direção das setas nos símbolos indicam a direção da junção PN entre base e emissor (BE). A outra junção, base e coletor (BC), não apresenta nenhum símbolo especial. Portanto, no transistor PNP, cujo emissor é tipo P e a base é tipo N, a seta está orientada na direção do emissor para a base. Por outro lado, no transistor NPN (base tipo P e emissor tipo N), a seta é orientada da base para o emissor.

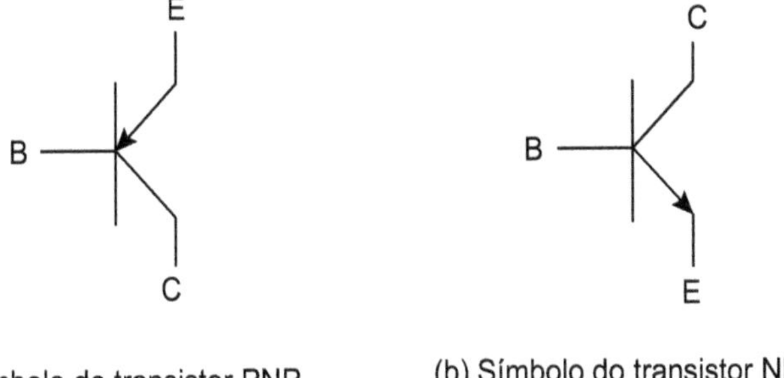

Fig. 4.2: Símbolos usados pra os transistores (a) PNP; (b) NPN.

4.2 Princípio de funcionamento do transistor bipolar

Como os transistores são formados por duas junções PN (BE e BC), a análise do princípio de funcionamento do transistor é feita basicamente usando o equacionamento da junção PN, desenvolvido no Capítulo 3, particularmente a Eq 3.1, que descreve a corrente na junção em função da tensão aplicada sobre ela.

Vamos, inicialmente, analisar o caso onde a junção BE está polarizada diretamente e a junção BC está com polarização nula, como visto na Figura 4.3, onde temos um transistor NPN.

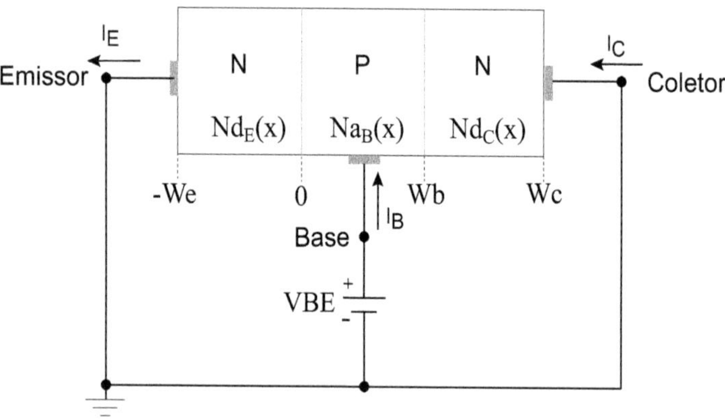

Fig. 4.3: Transistor NPN com a junção BE sob polarização direta, e junção BC com polarização nula.

Com a junção BE polarizada diretamente, se a corrente de lacunas injetadas pelo base no emissor é I_{Spe} e a corrente de elétrons injetados pelo emissor na base é I_{Sne}, a corrente total que circula pelo emissor é a soma dessas duas correntes (lembre que a corrente de elétrons tem sentido contrário ao do movimento das cargas negativas):

$$I_E = I_{Spe} + I_{Sne} \tag{4.1}$$

Vamos agora estudar a contribuição da junção BC para a geração de corrente no transistor. No caso que estamos estudando (tensão $V_{BC} = 0$), a corrente gerada pela junção BC é zero, e não influencia o comportamento do transistor. o transistor fica, portanto, regido exclusivamente pelo comportamento da junção BE, que está polarizada diretamente.

As regiões de emissor e base do transistor possuem características muito diferentes. Em relação à dopagem, o emissor é muito dopado (com concentrações superficiais da ordem de 10^{21}atm.cm^{-3} e carga da ordem de 10^{17}atm.cm^{-2}), enquanto que a base possui concentrações superficiais da ordem de 5x10^{18}atm.cm^{-3} e carga da ordem de 10^{14}atm.cm^{-2}.

Como a corrente de portadores injetados pelo lado A de uma junção no lado B varia de forma inversamente proporcional à carga do lado B, a corrente de elétrons injetados pela emissor na base (I_{Sne}) é ordens de grandeza maior do que a corrente de lacunas injetadas pela base no emissor I_{Spe}.

À relação entre estas duas correntes damos o nome de Eficiência de Injeção γ do transistor. Utilizando as equações de I_{Sne} e I_{Spe} desenvolvidas no Capítulo 2, e reproduzidas aqui por conveniência:

$$I_{Sne} = A\frac{qn_i^2 D_n}{\int_0^{Wb} N_a(x)dx} \tag{4.2}$$

e

$$I_{Spe} = A\frac{qn_i^2 D_p}{\int_{-We}^{0} N_d(x)dx} \tag{4.3}$$

podemos concluir que a Eficiência de Injeção γ do transistor NPN é dada por:

$$\gamma = \frac{I_{Sne}}{I_{Spe}} = \frac{\dfrac{qn_i^2 D_n}{\int_{0}^{Wb} N_a(x)dx}}{\dfrac{qn_i^2 D_p}{\int_{-We}^{0} N_d(x)dx}} \tag{4.4}$$

Assumindo que o valor de ${n_i}^2$ seja igual no lado P e no lado N, podemos reescrever a Eq 4.4 como:

$$\gamma = \frac{D_n}{D_p}\frac{\int_{0}^{Wb} N_a(x)dx}{\int_{-We}^{0} N_d(x)dx} \tag{4.5}$$

Como a relação $\overline{D_n}/\overline{D_p}$ para os valores de dopagem apresentados é próxima da unidade e a relação entre as cargas no emissor e na base é da ordem de alguns milhares, a eficiência de injeção γ pode ser bastante alta.

Devemos lembrar que para junções com dopagens muito assimétricas, o valor de n_i não é igual nos lados P e N, já que o fenômeno de degenerescência em semicondutores muito dopados leva a um aumento do valor de n_i. Dessa forma, como o valor de n_i aumenta com o aumento da dopagem, o valor de γ diminui consideravelmente devido a este fenômeno. Esse fenômeno é, no entanto, bastante complexo e não será tratado neste texto, bastando por ora que lembremos que a alta dopagem usada nos emissores dos transistores bipolares reduzem a eficiência de injeção calculada pela Eq 4.5.

Para continuar a análise sobre as correntes que fluem no transistor, vamos mostrar a estrutura real de um transistor. O processo típico de fabricação de um transistor (por exemplo, os transistores da série BC, como o popular BC548) leva a uma estrutura como a apresentada na Figura 4.4, onde temos um transistor NPN de baixa corrente, com dimensões típicas.

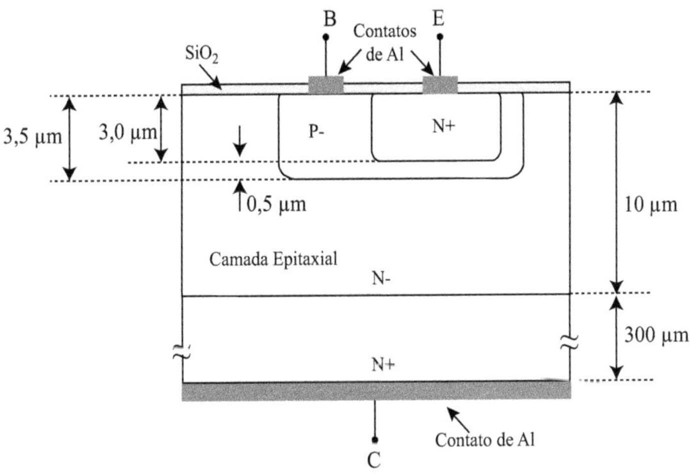

Fig. 4.4: Corte vertical de um transistor NPN epitaxial.

O transistor NPN é fabricado em uma lâmina N^+ que possui uma camada epitaxial N^- com dopagem da ordem de $5\text{x}10^{15}\text{atm.cm}^{-3}$ e espessura da ordem de $10\,\mu\text{m}$. Sobre esta camada epitaxial é realizada uma difusão tipo P, formando a região da base. Sobre a região de base é realizada uma difusão tipo N^+, formando o emissor.

Como vemos na Figura 4.4, embora a profundidade da difusão de base seja de 2,5 μm, como a difusão de emissor avança 2,0 μm dentro da base, a largura efetiva da base W_B é de apenas $W_B = 0{,}5\,\mu$m.

Com essa largura W_B tão pequena, a grande maioria dos elétrons que são injetados pelo emissor com alta energia dentro da base consegue atravessá-la totalmente e entrar no coletor, onde saem pelo terminal do contato. Como a base é muito pouco dopada e, portanto, possui um número baixo de lacunas livres, a probabilidade que que um elétron recombine com uma lacuna enquanto transitando dentro da base é muito pequena. Entretanto, se uma recombinação ocorrer, esta lacuna que "desapareceu" da base deve ser reposta e, que para que isso ocorra, uma lacuna deve entrar na base, o que é feito através do terminal da base.

Na Figura 4.5 indicamos todos os fluxos de corrente no transistor NPN, e podemos concluir que:

i) A corrente de base (I_B) é composta por duas componentes: a corrente formada pela recombinação dentro da base (que no transistor moderno é muito pequena, sendo normalmente desprezível) e a corrente formada pelas lacunas injetadas pela base no emissor;

ii) A corrente de emissor I_E é dada pela soma da corrente de base (I_B) com a corrente dos elétrons que são injetados pelo emissor na base;

iii) A corrente de coletor (I_C) é composta pela parcela dos elétrons injetados pelo emissor na base e que não recombinam enquanto atravessam a região de base.

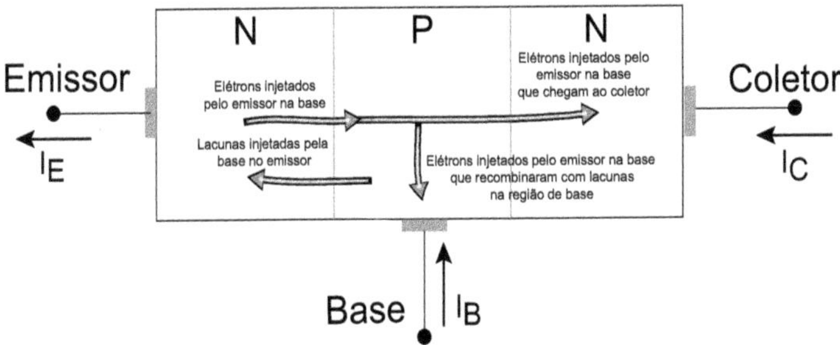

Fig. 4.5: Fluxos de correntes em um transistor NPN.

Com base nesses fluxos, podemos escrever algumas relações importantes para o transistor:

$$I_E = I_C + I_B \tag{4.6}$$

Como a corrente de coletor é apenas uma parcela da corrente de emissor (já que a outra parcela vai para a base), podemos escrever:

$$I_C = \alpha_F \, I_E \tag{4.7}$$

onde α_F é chamado de Ganho de Corrente Direto em Base Comum.

Outra definição importante é a relação entre a corrente de coletor e a corrente de base, que é chamada de β_F, Ganho Direto de Corrente em Emissor Comum:

$$\beta_F = \frac{I_C}{I_B} \tag{4.8}$$

Usando as equações Eq 4.6, Eq 4.7 e Eq 4.8, é trivial mostrar que:

$$\alpha_F = \frac{\beta_F}{\beta_F + 1} \tag{4.9}$$

$$\beta_F = \frac{1}{1 - \alpha_F} \tag{4.10}$$

$$I_E = (\beta_F + 1)I_B \tag{4.11}$$

Devemos notar que, se a tensão na junção BC não for nula, como assumimos no início desta análise, mas estiver com polarização reversa, o efeito prático na análise que fizemos é desprezível. A hipótese inicial que fizemos era de $V_{BC} = 0$ e, portanto, a corrente gerada por esta junção era zero. A corrente que circula em uma junção sob polarização reversa é, na teoria, praticamente igual à corrente de saturação da junção (da ordem de 10^{-15} A), mas na prática é dada pela corrente de fuga da junção, normalmente ditada pela qualidade da limpeza e da passivação da superfície da junção, que para um transistor BC546 é no pior caso (valor máximo) 15 nA.

Portanto, a hipótese de que a junção BC não gera corrente que influencie o funcionamento do transistor é válida, para o caso de operação na região direta, que é definida como tendo a junção BE polarizada diretamente e a junção BC com polarização reversa ou nula.

É importante observar que se invertermos as tensões (polarização direta na junção BC e polarização reversa ou nula na junção base emissor), o transistor, que agora está sendo operado na região reversa (isto é, com o coletor funcionando como emissor e o emissor funcionando como coletor), funciona normalmente. A diferença é que, como o coletor é muito menos dopado do que a base (para aumentar a tensão de ruptura da junção BC), isso faz com que a corrente injetada pela base no coletor (lembre que a junção BC está polarizada diretamente neste caso) seja muito grande, o que aumenta muito a corrente de base.

Para o transistor operando na região reversa (com o coletor funcionando como emissor e o emissor funcionando como coletor), valem equações similares às usadas na polarização direta, ou seja:

$$I_E = \alpha_R I_C \tag{4.12}$$

onde α_R é chamado de Ganho de Corrente Reverso em Base Comum.

Outra definição importante é a relação entre a corrente de emissor e a corrente de base, que é chamada de β_r, Ganho Reverso de Corrente em Emissor Comum:

$$\beta_R = \frac{I_E}{I_B} \tag{4.13}$$

Da mesma forma que fizemos anteriormente, temos:

$$\alpha_R = \frac{\beta_R}{\beta_R + 1} \tag{4.14}$$

$$\beta_R = \frac{1}{1 - \alpha_R} \tag{4.15}$$

$$I_C = (\beta_R + 1) I_B \tag{4.16}$$

4.3 Modelo de Ebers-Moll

Para estudar o transistor sob qualquer condição de polarização nas suas junções bem como fazer o estudo de seu comportamento para grandes sinais, foi desenvolvido o modelo de Ebers-Moll. O modelo de Ebers-Moll parte da representação das duas junções de um transistor por dois diodos ligados em sentido contrário, como mostra a Figura 4.6

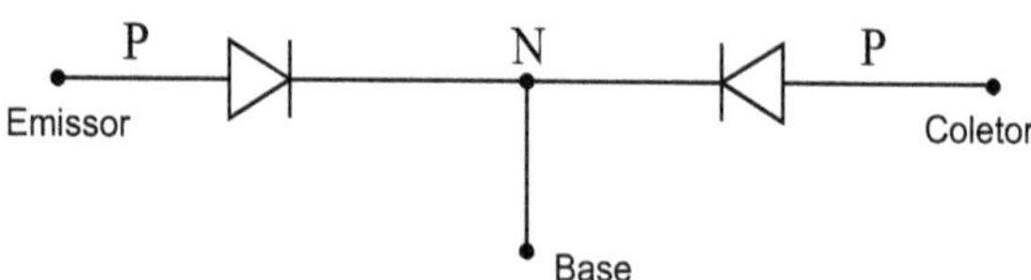

Fig. 4.6: Dois diodos representando as junções BE e BC de um transistor PNP.

Entretanto, é evidente que este modelo com dois diodos não pode funcionar, já que neste circuito toda a corrente teria que sair pelo terminal da base, o que evidentemente não ocorre no transistor. Portanto, para representar o transistor corretamente, adicionamos duas fontes de corrente, que representam as correntes injetadas na base e que a atravessam, atingindo as regiões de emissor ou (coletor).

Como vimos na Eq 4.9 e na Eq 4.12, as correntes que atravessam a base são dadas por $I_C = \alpha_F I_E$ e $I_E = \alpha_R I_C$ e, portanto, o modelo com dois diodos torna-se o apresentado na Figura 4.7, onde a fonte de corrente $\alpha_F I_F$ representa a parte da corrente gerada pela junção BE que atinge o coletor, e $\alpha_R I_R$ representa a parte da corrente gerada pela junção BC que atinge o emissor.

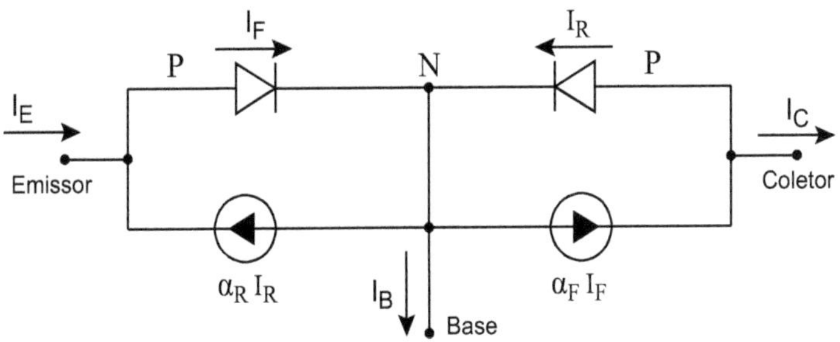

Fig. 4.7: Modelo de Ebers-Moll de um transistor PNP.

Se a corrente de saturação do diodo que representa a junção BE é dada por I_{ES} e a corrente de saturação do diodo que representa a junção BC é dada por I_{CS}, as correntes nos diodos são escritas como:

$$I_F = I_{ES}\left[exp\left(\frac{V_{BE}}{V_T}\right) - 1\right] \tag{4.17}$$

e

$$I_R = I_{CS}\left[exp\left(\frac{V_{BC}}{V_T}\right) - 1\right] \tag{4.18}$$

Dessa forma, a correntes de emissor no transistor pode ser escrita como:

$$I_E = I_F - \alpha_R I_R \tag{4.19}$$

ou seja

$$I_E = I_{ES}\left[exp\left(\frac{V_{BE}}{V_T}\right) - 1\right] - \alpha_R I_{CS}\left[exp\left(\frac{V_{BC}}{V_T}\right) - 1\right] \tag{4.20}$$

Analogamente, a corrente de coletor no transistor pode ser escrita como:

$$I_C = \alpha_F I_F - I_R \tag{4.21}$$

ou seja

$$I_C = \alpha_F I_{ES}\left[exp\left(\frac{V_{BE}}{V_T}\right) - 1\right] - I_{CS}\left[exp\left(\frac{V_{BC}}{V_T}\right) - 1\right] \tag{4.22}$$

$$I_B = I_E - I_C \tag{4.23}$$

Outra relação importante que se pode mostrar em relação

ao modelo de Ebers-Moll, é a chamada Relação de Reciprocidade.

Quando estudamos a junção BE sob polarização direta, vimos que a corrente de saturação da junção é dada pela Eq 4.1, que representa a soma da corrente de saturação de elétrons injetados pelo emissor na base (I_{Sne}) com a corrente de saturação de lacunas injetadas pela base no emissor (I_{Spe}), ambas dadas pelas Eq 2.51 e Eq 2.52.

Na Eq 4.7, definimos α_F como a razão entre a corrente de elétrons injetada na base pelo emissor (I_{Sne}) e a corrente total na junção BE ($I_{Sne} + I_{Spe}$), de forma que podemos escrever:

$$\alpha_F \left(I_{Sne} + I_{Spe}\right) = I_{Sne} \tag{4.24}$$

Como já vimos,

$$I_{ES} = I_{Sne} + I_{Spe} \tag{4.25}$$

e portanto ficamos com

$$\alpha_F \, I_{ES} = I_{Sne} \tag{4.26}$$

Analogamente, para a junção BC sob polarização direta podemos escrever:

$$\alpha_R \left(I_{Snc} + I_{Spc}\right) = I_{Snc} \tag{4.27}$$

Como vimos,

$$I_{CS} = I_{Snc} + I_{Spc} \tag{4.28}$$

e portanto ficamos com

$$\alpha_R I_{CS} = I_{Snc} \tag{4.29}$$

Como a densidade de corrente de elétrons injetados na base tanto pelo emissor como pelo coletor só depende da carga na base, I_{Snc} é exatamente igual a I_{Sne}, ou seja, $I_{Sne} = I_{Snc} = I_S$. Com isso, podemos igualar a Eq 4.26 e a Eq 4.29, o que nos permite escrever:

$$\alpha_F I_{ES} = \alpha_R I_{CS} \tag{4.30}$$

que é chamada de Relação de Reciprocidade.

Exemplo 4.1 Um transistor NPN possui correntes de saturação I_{ES} = 10⁻16 A e I_{CS} = 1,98x10⁻16 A. Se o valor do ganho de corrente em emissor comum é $B_F = 100$, calcule o valor das correntes I_E, I_C e I_B, se ambas as junções (BE e BC) estão polarizadas diretamente e foram medidos, respectivamente, $V_{BE} = 700$ mV e $V_{BC} = 600$ mV.

Resposta: Com o valor de β_F conhecido, podemos calcular o valor de α_F, usando a Eq 4.9, $\alpha_F = \beta_F/(\beta_F + 1)$, ou seja, $\alpha_F = 100/101 = 0{,}99$.

A seguir iremos calcular o valor de α_R, o que pode ser feito usando a relação de reciprocidade, Eq 4.30: $\alpha_R = \alpha_F I_{ES}/I_{CS} =$ 0,5.

Com isso, temos todos os parâmetros necessários para calcular os valores de I_E, I_C e I_B. Usando a Eq 4.20, a Eq 4.22 e a Eq 4.23, obtemos: $I_E = 142{,}01\,\mu\text{A}$, $I_C = 140{,}56\,\mu\text{A}$ e $I_B = 1{,}44\,\mu\text{A}$. É importante observar que como as duas junções estão polarizadas diretamente, o transistor encontra-se na região de saturação, e a razão $I_C/I_B = 97$, é menor do que o valor de $\beta_F = 100$ do transistor quando ele está operando na região linear.

4.4 Efeitos da Tensão de Coletor nas Características do Transistor Operando na Região Direta

Embora saibamos que a junção BC com polarização nula ou reversa não contribui para as correntes no transistor, ignorar totalmente o efeito da junção BC não é correto, especialmente quando temos altos valores de polarização reversa. Embora nada mude em relação ao que dissemos sobre o fato de que a junção BC não gera corrente nessas situações, a variação da tensão entre coletor e base provoca o fenômeno chamado de modulação da base, alterando a corrente que o transistor conduz.

Na Figura 4.8 temos um transistor polarizado com um V_{BE} constante e com $V_{CB} = 0$ e $V_{CB} = V_{CB1} >> 0$.

Como vemos na Figura 4.8, a região de depleção da junção BE não se altera (V_{BE} é constante), porém o aumento de V_{CB}

faz com que as regiões de depleção da junção base-coletor se estendam muito, tanto para dentro da base como para dentro do coletor. Como vimos no modelo de Ebers-Moll, se a tensão V_{BE} for maior do que cerca de 350 mV e a tensão V_{CB} for nula ou reversa, de acordo com a Eq 4.22, a corrente I_C no transistor pode ser escrita como

$$I_C = \alpha_F \, I_{ES} \left[exp \left(\frac{V_{BE}}{V_T} \right) \right] \tag{4.31}$$

Como vimos que

$$\alpha_F I_{ES} = I_S = I_{Sne} \tag{4.32}$$

e I_{Sne} é dada pela Eq 4.2, a corrente de coletor fica dada por:

$$I_C = A \frac{q n_i^2 D_n}{\int_0^{Wb} N_a(x) dx} \left[exp \left(\frac{V_{BE}}{V_T} \right) \right] \tag{4.33}$$

Para simplificar nossa análise, vamos admitir que o transistor tem a base com dopagem uniforme com valor N_A, de forma que podemos escrever

$$\int_0^{Wb} N_a(x) dx = N_A Wb \tag{4.34}$$

Podemos, portanto, substituir o valor obtido na Eq 4.34, e reescrever a Eq 4.33 como:

$$I_C = A \frac{q n_i^2 D_n}{N_A Wb} \left[exp \left(\frac{V_{BE}}{V_T} \right) \right] \tag{4.35}$$

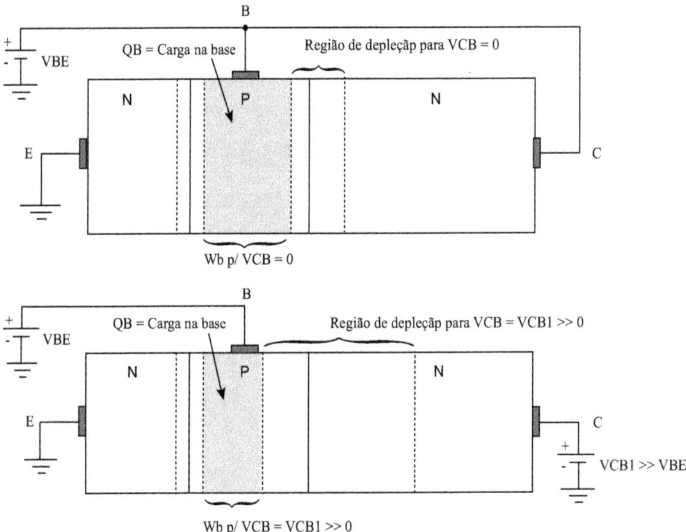

Fig. 4.8: Variação da largura de base W_B devido à variação de V_{CB}.

ou ainda, separando a parte constante da parte que varia com V_{CB}:

$$I_C = \left[A \frac{q n_i^2 D_n}{N_A} exp \left(\frac{V_{BE}}{V_T} \right) \right] \cdot \frac{1}{Wb} \tag{4.36}$$

É importante observar que como V_{BE} é constante e

$$V_{CE} = V_{CB} + V_{BE}, \tag{4.37}$$

as variações que ocorrem em V_{CB} são iguais às que ocorrem em V_{CE}. Desta forma, para calcular como a corrente I_C varia com a polarização reversa da junção BC, é indiferente se calcularmos $\delta I_C/\delta V_{CB}$ ou $\delta I_C/\delta V_{CE}$. Embora praticamente todos os livros texto façam o cálculo em relação a V_{CE}, como o efeito de modulação na base ocorre devido à polarização reversa da junção base-coletor, e para $V_{CB} = 0$ não existe modulação na base, nós adotamos o cálculo em relação a V_{CB}.

Para calcularmos como a corrente de coletor I_C varia em função da tensão V_{CB}, precisamos derivar a Eq 4.36 em relação a V_{CB}. Devemos observar que I_C depende de V_{CB}, pois Wb é uma função de V_{CB}, e I_C depende de Wb. Como, para uma função implícita, sabemos que

$$\frac{d}{dx}\left[f(y)\right] = \frac{d}{dy}\left[f(y)\right] \cdot \frac{dy}{dx} \tag{4.38}$$

e a variável da Eq 4.36 que é função de V_{CB} é Wb, a diferenciação desta equação leva a:

$$\frac{d}{dV_{CB}}\left[I_C(Wb)\right] = \frac{d}{dWb}\left[I_C(Wb)\right] \cdot \frac{dWb}{dV_{CB}} \tag{4.39}$$

Logo

$$\frac{dI_C}{dV_{CB}} = \left[A\frac{qn_i^2 D_n}{N_A} exp\left(\frac{V_{BE}}{V_T}\right)\right] \frac{-1}{Wb^2} \cdot \frac{dWb}{dV_{CB}} \tag{4.40}$$

ou

$$\frac{dI_C}{dV_{CB}} = \left[A\frac{qn_i^2D_n}{Wb\,N_A}exp\left(\frac{V_{BE}}{V_T}\right)\right]\frac{-1}{Wb}\cdot\frac{dWb}{dV_{CB}} \tag{4.41}$$

Observando a Eq 4.41, vemos que a parte do lado direito da equação que fica entre colchetes é igual a I_C, o que leva a escrevermos:

$$\frac{dI_C}{dV_{CB}} = -\frac{I_C}{Wb}\frac{dWb}{dV_{CB}} \tag{4.42}$$

Devemos observar que, quando o valor de V_{CB} aumenta, o valor de Wb diminui, de forma que dWb/dV_{CB} é negativo, fazendo com que a variação de I_C com V_{CB}, dI_C/dV_{CB}, seja positiva.

A variação dWb/dV_{CB} pode ser calculada usando a Eq 2.30 e, analisando esta equação vemos que o valor de dWb/dV_{CB} depende do valor de V_{CE}. Entretanto a dependência de dWb/dV_{CB} com o valor de V_{CE} é muito baixo, sendo normalmente considerado constante na análise da variação de I_C com V_{CB}.

A Eq 4.42 fornece muitas informações importantes a respeito da variação de I_C com V_{CB}. A primeira conclusão é que a taxa com que I_C varia com V_{CE} depende do valor de I_C que está polarizando o transistor, já que quanto maior o valor de I_C, maior é o valor de dI_C/dV_{CB}.

Outra conclusão é que o valor de dI_C/dV_{CB} é inversamente proporcional ao valor de Wb, ou seja, transistores de base muito estreita apresentam alta valor de dI_C/dV_{BC}, enquanto transistores com base muito larga praticamente não são sensíveis a esse efeito.

Gráficos de I_C em função de V_{CB}, para $V_{CB} \geq 0$, são apresentados na Figura 4.9, um para um transistor de base estreita e outro para um transistor de base larga.

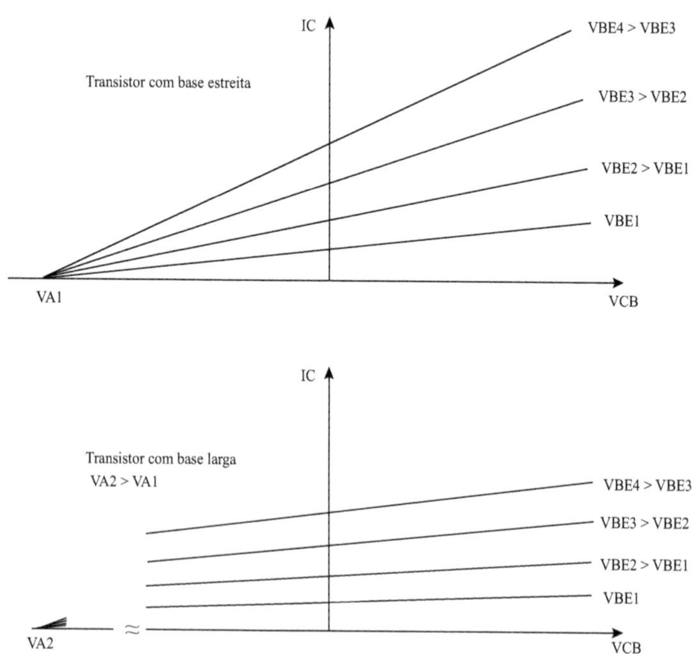

Fig. 4.9: Gráfico de I_C em função de V_{CB}, para $V_{CB} \geq 0$.

Usando qualquer uma das retas de $I_C \, \mathrm{x} \, \mathrm{V_{CB}}$, como mostramos na Figura 4.10, podemos escrever, para um valor fixo de V_{BE}, a equação da reta $I_C \, \mathrm{x} \, \mathrm{V_{CB}}$ como:

$$I_C = I_{C0} + \frac{dI_C}{dV_{CB}} V_{CB} \tag{4.43}$$

onde I_{C0} é o valor de I_C para $V_{CB} = 0$, para um dado valor de V_{BE}. Usando a equação desta reta, podemos calcular o valor de V_{CB} para $I_C = 0$. Este valor de V_{CB} é chamado de tensão Early, e recebe a notação de V_A.

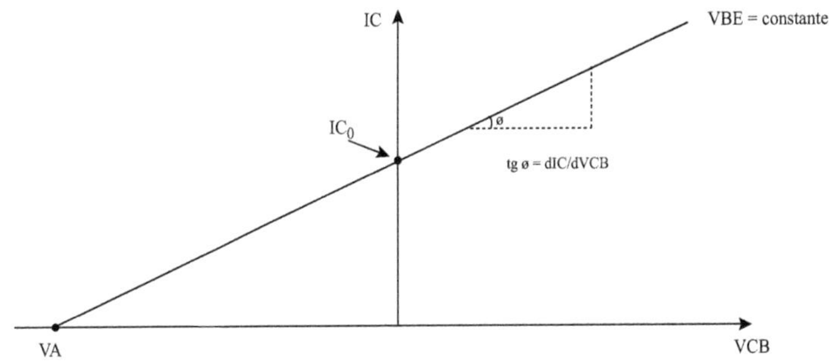

Fig. 4.10: Equação da reta de I_C em função de V_{CB}.

$$0 = I_{C0} + \frac{dI_C}{dV_{CB}} V_A \tag{4.44}$$

de onde podemos calcular

$$V_A = -\frac{I_{C0}}{dI_C/dV_{CB}} \tag{4.45}$$

Substituindo a Eq 4.42 na Eq 4.45 obtemos:

$$V_A = -\frac{I_{C0}}{\dfrac{I_{C0}}{Wb}\dfrac{dWb}{dV_{CB}}} = -Wb\,\frac{dV_{CB}}{dWb} \tag{4.46}$$

Portanto, como Wb é constante (é um parâmetro de fabricação do transistor) e como o valor de dV_{CB}/dWb pode ser considerado praticamente constante, o valor de V_A dado pela Eq 4.46 é considerado constante para o transistor.

É importante observar que a partir desta análise podemos incluir o chamado Efeito Early nas equações do transistor. Observando a Figura 4.10, onde vemos uma curva de I_Cx$\mathrm{V_{CB}}$ para um valor de V_{BE} fixo, usando o princípio da semelhança de triângulos, podemos escrever:

$$\frac{I_{C0}}{V_A} = \frac{I_C}{|V_A| + V_{CB}} \tag{4.47}$$

Logo, para um valor fixo de V_{BE}, a corrente no transistor fica determinada para qualquer valor de tensão V_{CB}, sendo dada por:

$$I_C = I_{C0}\frac{|V_A| + V_{CB}}{|V_A|} \tag{4.48}$$

ou seja

$$I_C = I_{C0}\left(1 + \frac{V_{CB}}{|V_A|}\right) \tag{4.49}$$

Um gráfico de I_C em função de V_{CE}, obtido através de simulação, é apresentado na Figura 4.11, para um transistor BC547. Vemos que a diferença entre a curvas I_C x $\mathrm{V_{CB}}$ e I_C x $\mathrm{V_{CE}}$ é que na curva I_C em função de V_{CE} aparece a região de saturação do transistor, onde $V_{CE} < V_{BE}$ (ou seja, o transistor está com a junção BC polarizada diretamente). É interessante observar que quando a polarização direta da junção BC é pequena (até cerca de 400 mV a 450 mV), a corrente gerada por esta junção é muito baixa, e o transistor opera praticamente como se não estivesse saturado.

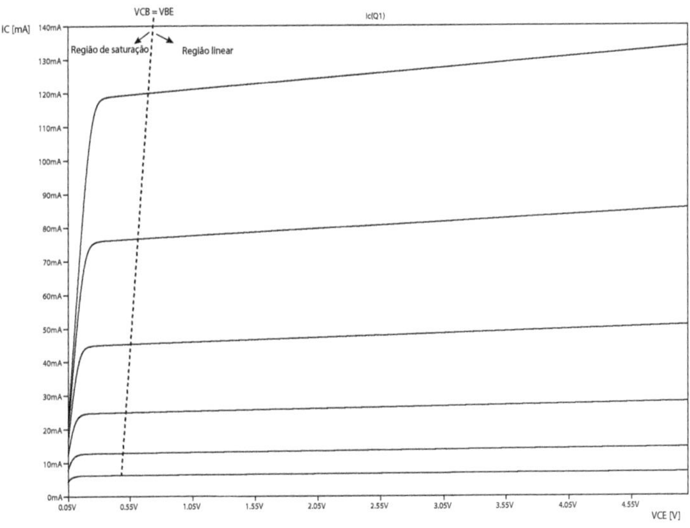

Fig. 4.11: Gráfico de I_C em função de V_{CE}.

4.5 O modelo de pequenos sinais π−híbrido do transistor bipolar

Quando um transistor está operando como amplificador (polarizado em um ponto *dc* e excitado com pequenos sinais *ac* na entrada), é impossível fazer a análise da sua operação usando o modelo de Ebers-Moll. Imaginemos que precisamos calcular a corrente de coletor do circuito apresentado na Figura 4.12, onde o transistor está polarizado com uma tensão *dc* igual a V_{BE0}, e é excitado por uma tensão *ac* dada por $v_{ac} = Asen(\omega t)$. Se usarmos a equação do modelo de Ebers-Moll para calcularmos a corrente de coletor, temos que escrever

$$I_C = \alpha_F \, I_{ES} \left[exp\left(\frac{V_{BE} + Asen(\omega t)}{V_T} \right) \right]$$

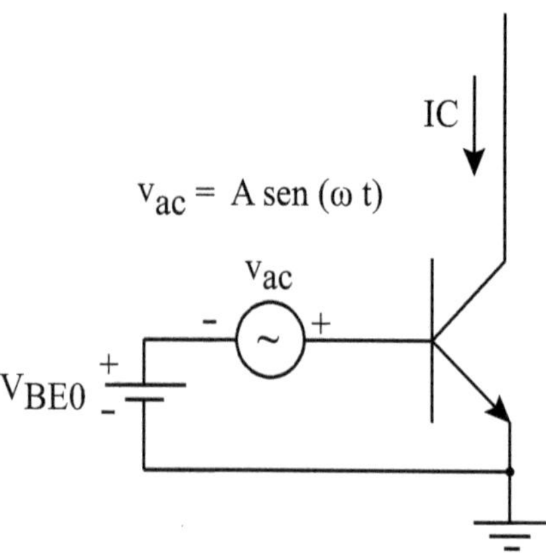

Fig. 4.12: Transistor polarizado com tensão *dc* V_{BE0}, excitado por uma tensão *ac* dada por $v_{ac} = Asen(\omega t)$.

Analisar a variação de I_C usando a expressão que inclui a exponencial de uma função seno é impossível, já que não temos como ter uma boa visão intuitiva do comportamento da corrente no transistor.

Para calcular como a corrente de coletor varia para pequenas variações *ac* de V_{BE} em torno de um ponto de operação (V_{BE0}, I_{C0}), vamos usar uma ferramenta matemática que nos fornece a variação de uma função em torno de um ponto, ou seja, a derivada. Para derivarmos $I_C = f(V_{BE})$ em torno do ponto $V_{BE} = V_{BE0}$, temos que derivar a Eq 4.25, o que nos permite escrever:

$$\frac{dI_C}{dV_{BE}} = \frac{d}{dV_{BE}}\left[\alpha_F\, I_{ES}\, exp\left(\frac{V_{BE}}{V_T}\right)\right] \tag{4.50}$$

ou seja

$$\frac{dI_C}{dV_{BE}} = \frac{1}{V_T}\left[\alpha_F\, I_{ES}\, exp\left(\frac{V_{BE}}{V_T}\right)\right] \tag{4.51}$$

Como a expressão entre colchetes da Eq 4.51 é igual a I_C, então podemos escrever

$$\frac{dI_C}{dV_{BE}} = \frac{I_C}{V_T} \tag{4.52}$$

A esta derivada damos o nome de transcondutância (g_m) do transistor, e a sua unidade é A/V = 1/Ω = [S] (Siemens).

No ponto $I_C = I_{C0}$ podemos escrever que a transcondutância g_m do transistor neste ponto é:

$$g_m = \left.\frac{dI_C}{dV_{BE}}\right|_{I_C = I_{C0}} = \frac{I_{C0}}{V_T} \tag{4.53}$$

É interessante notar que, de posse dessa derivada, podemos calcular facilmente como I_C varia em função de pequenas variações de V_{BE}, em torno do ponto $I_C = I_{C0}$, como sendo

$$dI_C = g_m \, dV_{BE} \tag{4.54}$$

Com isso, encontramos uma expressão linear que relaciona as **variações** de I_C (que representamos como i_c) com as **variações** de V_{BE} (que representamos como v_{be}). Baseados nesta expressão, podemos fazer um modelo do transistor, chamado de modelo $\pi-$híbrido, que permite fazer uma análise de todas as correntes no transistor, para pequenos sinais *ac*. Na Figura 4.13 vemos a representação da parte desse modelo que responde pelo efeito da transcondutância no transistor, ou seja, a parte do modelo que gera uma corrente de coletor dada por $i_c = g_m \, v_{be}$, que é implementada através de uma fonte de corrente dependente de g_m e v_{be}. Note que as variáveis minúsculas indicam tensões ou correntes *ac*.

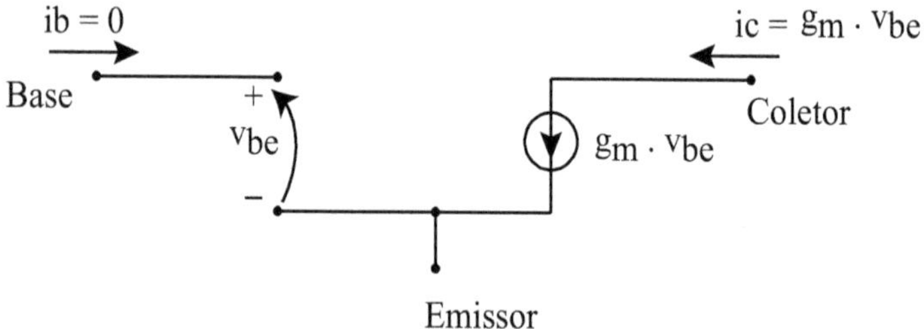

Fig. 4.13: Representação parcial do modelo $\pi-$híbrido, contemplando apenas o efeito da transcondutância g_m.

Como vemos no circuito da Figura 4.13, a corrente de base

do transistor é zero, já que o terminal de base está flutuando. Para completar a parte do modelo que inclui a corrente de base, vamos ligar um resistor, chamado de r_π, entre base e emissor, já que a corrente de base entra pela base e tem que sair pelo emissor (lembre que $i_e = i_c + i_b$).

Sabemos que a corrente de base no transistor está diretamente ligada à corrente de coletor pela expressão $I_C = \beta_F, I_B$. Embora o valor do β_F para sinais dc seja ligeiramente diferente do β_F para sinais *ac*, para efeitos de análise de circuitos normalmente consideram-se os dois iguais, de forma que podemos escrever, para pequenos sinais, $i_c = \beta_F i_b$. O circuito que modela o transistor e inclui as correntes i_e, i_c e i_b é apresentado na Figura 4.14.

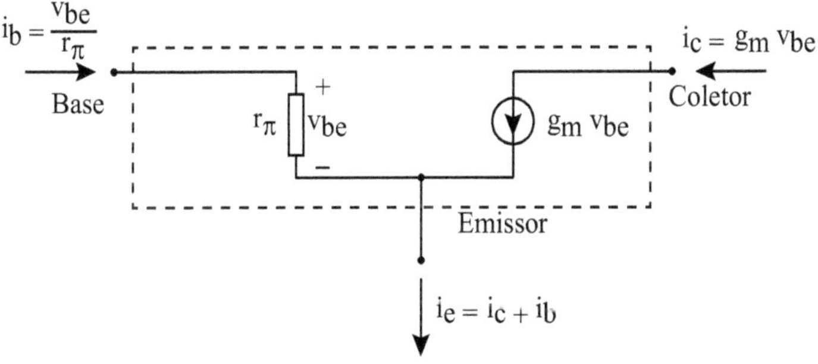

Fig. 4.14: Representação parcial do modelo π−híbrido, contemplando o efeito da transcondutância g_m e a corrente de base.

Para que o valor da corrente de base seja correto, temos que calcular o valor do resistor r_π, lembrando que $i_c = \beta_F i_b$. Como $i_c = g_m v_{be}$, podemos escrever que:

$$g_m v_{be} = \beta i_b \tag{4.55}$$

portanto, podemos escrever que o valor de r_π é dado por:

$$r_\pi = \frac{v_{be}}{i_b} = \frac{\beta}{g_m} \tag{4.56}$$

O modelo do transistor está quase completo, e só precisa ser modificado para os casos onde o efeito Early é importante para calcular o circuito com transistor. Na Figura 4.15 reproduzimos apenas uma das curvas da Figura 4.11, porém indicando o ponto de polarização do transistor.

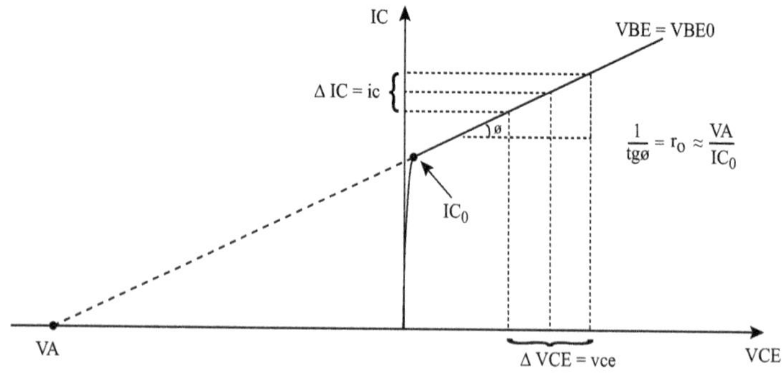

Fig. 4.15: I_C em função de V_{CE}. Observar que temos $I_C = I_{C0}$, para $V_{CE} = V_{BE0}$.

Como vemos, mesmo que a tensão aplicada ao transistor seja constante (V_{BE0}), se a tensão V_{CB} variar em torno do ponto V_{CB0}, teremos uma variação na corrente I_C. Ora, isso significa uma variação na corrente de coletor sem que tenha havido uma variação na tensão base-emissor. Como a equação de I_C em função de V_{CB} é uma reta, com inclinação conhecida, dada pela Eq 4.47, podemos escrever que as variações i_c são dadas por:

$$i_c = v_{ce}\frac{I_{C0}}{V_A} \tag{4.57}$$

ou ainda

$$i_c = \frac{v_{ce}}{r_o} \tag{4.58}$$

onde

$$r_o = \frac{V_A}{I_{C0}} \tag{4.59}$$

é chamada de impedância de saída do transistor. Note que o valor da impedância de saída r_o depende do tipo de transistor (V_A) e da corrente de polarização I_{C0}. Embora a tensão Early V_A varia desde uns 50 V até 100 V, a corrente de polarização tipicamente pode variar desde alguns μA até dezenas de mA, e o valor de r_o varia de menos de 1 kΩ até dezenas de MΩ.

O modelo $\pi-$híbrido fica então dado pelo circuito da Figura 4.16, onde os principais fenômenos físicos no transistor estão contemplados. O modelo $\pi-$híbrido completo inclui mais um resistor, r_μ, ligado entre o coletor e a base. Porém, como este resistor é muito grande (geralmente da ordem de MΩ) e complica excessivamente a solução de circuitos onde ele é incluído, normalmente ele é desprezado nas análises feitas manualmente, já que avaliações mais exatas podem ser obtidas através de programas de simulação de circuitos, como por exemplo o LTSpice, fornecido gratuitamente pela Analog Devices.

Lembramos ainda que esse modelo só é valido para baixas frequências, já que todas as capacitâncias do transistor não foram incluídas. Para altas frequências existe um outro parâmetro que pode ser muito importante: a resistência de base r_x, colocada em série com o terminal de base. Porém para análises em baixas frequências tanto as capacitâncias como a resistência de base r_x são normalmente desprezadas.

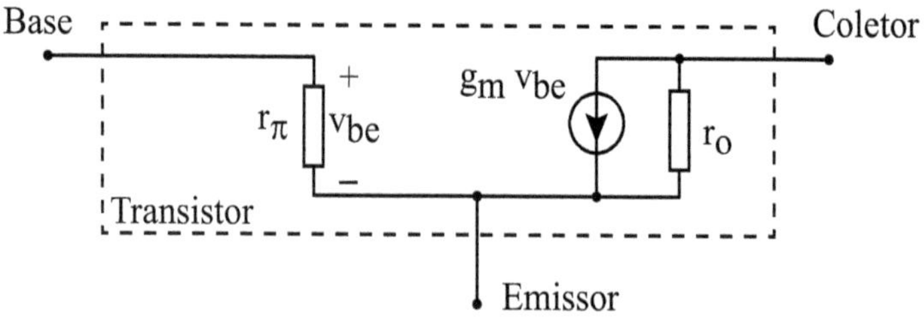

Fig. 4.16: Modelo π−híbrido, contemplando o efeito da transcondutância g_m, da corrente de base e o efeito Early.

4.6 Comportamento térmico do transistor bipolar

A corrente de saturação I_S de um transistor bipolar é fortemente dependente da temperatura. Depois do trabalho de J. W. Slotboom e H. C. de Graaff (*Measurements of bandgap narrowing in SI bipolar transistors, Solid-State Electron , 19 (1976) 857 - 862*), a corrente de coletor de um transistor pode ser escrita como:

$$I_C = C'T^{\eta} exp \frac{q\left(V_{BE} - V_{G0}\right)}{kT} \tag{4.60}$$

onde C' é uma constante e η também é uma constante, tipicamente da ordem de $\eta \approx 3{,}5$ e V_{g0} é o valor da tensão do *band-gap* do silício extrapolada para 0 K. O valor da constante de Boltzmann dividido pelo valor da carga do elétron é $k/q = 86{,}17\mu\text{V/K}$.

Se usarmos a expressão da Eq 4.60 em duas temperaturas, uma temperatura T qualquer e uma temperatura de referência T_r (onde temos $V_{BE} = V_{BE}(T_r)$), pode-se escrever que:

$$\begin{aligned} V_{BE}(T) = V_{g0}\left(1 - \frac{T}{T_r}\right) + \frac{T}{T_r} V_{BE}(T_r) \\ -(\eta - m)\left(\frac{kT}{q}\right) ln\left(\frac{T}{T_r}\right) \end{aligned} \tag{4.61}$$

Manipulando os termos dessa equação, podemos reescrevê-la de uma forma mais útil para a análise do comportamento de V_{BE} em função da temperatura T:

$$
\begin{aligned}
V_{BE}(T) = {} & \left(V_{g0} + (\eta - m)\frac{kT_r}{q} \right) - \lambda T \\
& + (\eta - m)\frac{k}{q}\left[T - T_r - T ln\left(\frac{T}{T_r}\right)\right]
\end{aligned} \tag{4.62}
$$

onde

$$
\lambda = \frac{\left(V_{g0} + (\eta - m)\frac{kT_r}{q} \right) - V_{BE}(T_r)}{T_r} \tag{4.63}
$$

A Eq 4.62 é composta por três termos: o primeiro, que é uma constante; o segundo termo, que varia linearmente com T (como λ é positivo, V_{BE} diminui com a temperatura); e o terceiro termo, que é não-linear com a temperatura, já que possui um termo $T\,ln(T/T_r)$.

Através de experimentos realizados em transistores MTS 102 da Motorola, Gerard Meijer mediu valores de V_{g0} e η como sendo V_{g0} = 1171 mV e η = 3,54 (*Thermal Sensors Based on Transistors, Sensors and Actuators, 10 (1986) 103 - 125 103*). Com isso, podemos calcular o valor do termo constante da Eq 4.62 para T_r = 300 K e $m = 0$ (corrente constante), como

$$
V_{g0} + (\eta - m)\frac{kT_r}{q} = 1{,}171 + (3{,}54 - 0)\, 86{,}17\text{x}10^{-6}\, 300
$$

$$V_{g0} + (\eta - m)\frac{kT_r}{q} = 1{,}2625V$$

Para um transistor onde tenha sido medido $V_{BE}(T_r) = 650$ mV na temperatura de 300 K, o valor de λ pode ser também calculado como

$$\lambda = \frac{\left(V_{g0} + (\eta - m)\frac{kT_r}{q}\right) - V_{BE}(T_r)}{T_r}$$

ou seja

$$\lambda = \frac{(1{,}171 + (3{,}54 - 0)\,86{,}17\,\text{x}10^{-6}\,300) - 0{,}6}{300}$$

$$\lambda = 2{,}04\,\text{mV}/°\text{C}$$

Vamos agora analisar o termo não-linear de $V_{BE}(T)$ (último termo da Eq. 4.62). Para isso, a forma mais fácil de quantificar o efeito deste termo não-linear com T no comportamento de $V_{BE}(T)$ é fazermos um gráfico de $\xi = (\eta - m)\frac{k}{q}\left[T - T_r - Tln\left(\frac{T}{T_r}\right)\right]$ em função de T. Vamos calcular o valor de ξ para valores de temperatura na faixa de 250K $\leq$ T $\leq$ 350K. Na Figura 4.17 vemos o gráfico de ξ em função da temperatura, para valores de $m = 0$ e $\eta = 3{,}54$.

Se fizermos um gráfico da equação completa de $V_{BE(T)}$ (Eq. 4.62), apresentado na Figura 4.18, vemos que o $V_{BE}(T)$ diminui com a temperatura, porém de uma forma ligeiramente

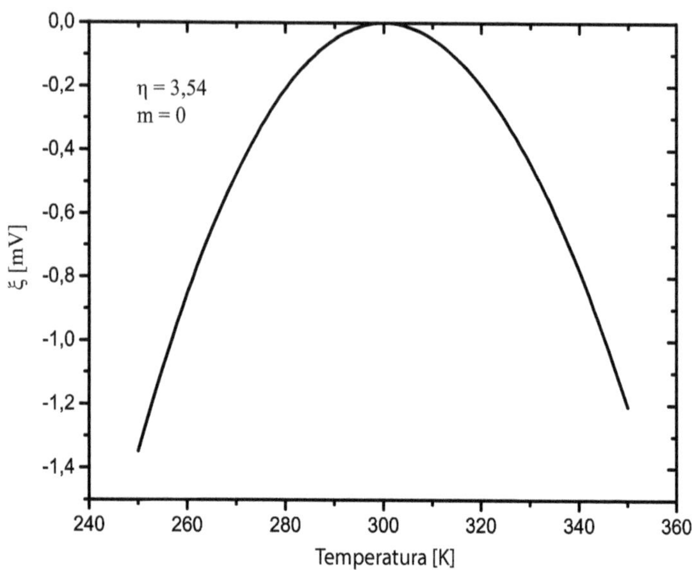

Fig. 4.17: Termo não-linear de $V_{BE}(T)$ em função da temperatura.

não linear. Se usarmos o transistor que gerou os gráficos da Figura 4.17 e da Figura 4.18 como um sensor de temperatura que opera entre 250 K e 350 K, vemos que o V_{BE} varia de 547 mV a 751 mV, e a máxima não linearidade ocorre no início da curva (T=250 K), e vale aproximadamente −1,35 mV, ou seja, cerca de 0,2%. Isso indica que para a grande maioria de aplicações de medida de temperatura que estejam dentro da faixa de operação do transistor, ele é uma opção excelente para implementar um sensor térmico.

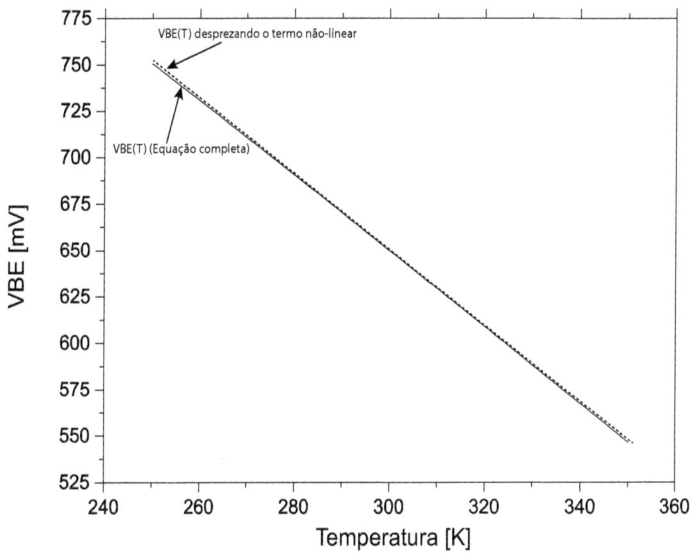

Fig. 4.18: Comparação entre a aproximação linear e a equação completa de $V_{BE}(T)$ em função da temperatura.

4.7 Circuitos básicos com transistores

Nesta seção vamos discutir como se calculam os valores DC de circuitos com transistores, chamados de circuitos de polarização. Vamos discutir apenas circuitos onde o transistor está operando na região linear, ou seja, a junção BE esta sob polarização direta e a junção BC está polarizada reversamente ou com polarização nula. É importante lembrar que ao fim dos cálculos das tensões e correntes, estas condições de polarização devem ser verificadas.

Como no caso dos diodos, partimos da hipótese de que a tensão na junção BE é $V_{BE} = 600$ mV (ou $V_{BE} = 700$ mV) para iniciar os cálculos. Um vez que a tensão V_{BE} é conhecida, usamos as relações entre as correntes no transistor (basicamente a Eq 4.6, a Eq 4.8 e a Eq 4.11.

Exemplo 3.2 Calcule os valores e as tensões do circuito da Figura 4.19, sendo que o transistor possui $\beta_F = 100$.

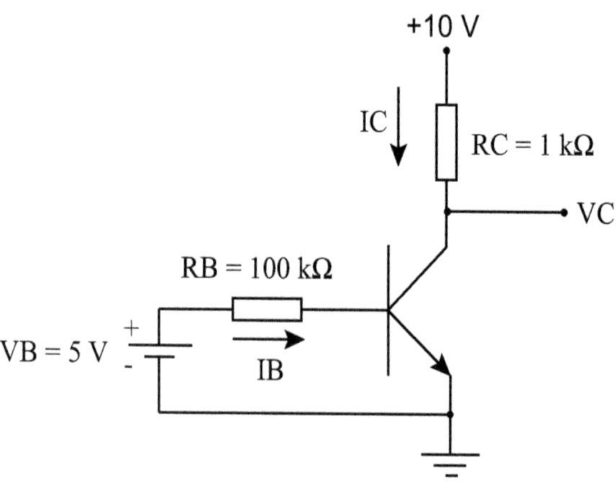

Fig. 4.19: Circuito de polarização simples.

Resposta: Vamos iniciar o cálculo do circuito usando a hipótese de que $V_{BE} = 600$ mV. Dado valor de V_{BE}, podemos equacionar a malha que envolve a fonte de alimentação V_B, o resistor R_0 e a junção BE do transistor:

$$V_{BE} + R_0 I_B = V_B$$

Portanto, podemos resolver esta equação e obter I_B:

$$I_B = \frac{V_B - V_{BE}}{R_0}$$

Para os valores apresentados no circuito, temos

$$I_B = \frac{5 - 0{,}6}{100.000} = 0{,}044\,\text{mA}$$

Conhecendo-se I_B, o valor de I_C e de I_E são facilmente calculados, usando as relações $I_C = \beta_F I_B$ e $I_E = (\beta_F + 1)I_B$. Usando essas relações obtemos

$$I_C = 100 \cdot 0{,}044\,\text{mA}, = \mathrm{I_C} = 4{,}4\text{mA}$$

e

$$I_E = (100 + 1) \cdot 0{,}044\text{mA} = 4{,}444\text{mA}$$

Só falta calcularmos a tensão V_C, que é dada simplesmente por

$$V_C = 10 - R_0 I_C = 10 - 1000\Omega \cdot 4{,}4\text{mA} = 5{,}6\text{V}.$$

Como o valor de V_C é maior do que V_B, a junção BC está polarizada reversamente e a hipótese inicial de que o transistor está na região direta está correta.

Exemplo 3.3 Calcule os valores e as tensões do circuito da Figura 4.20, onde o transistor possui $\beta_F = 200$.

Resposta: Como no exemplo anterior, vamos iniciar o cál-

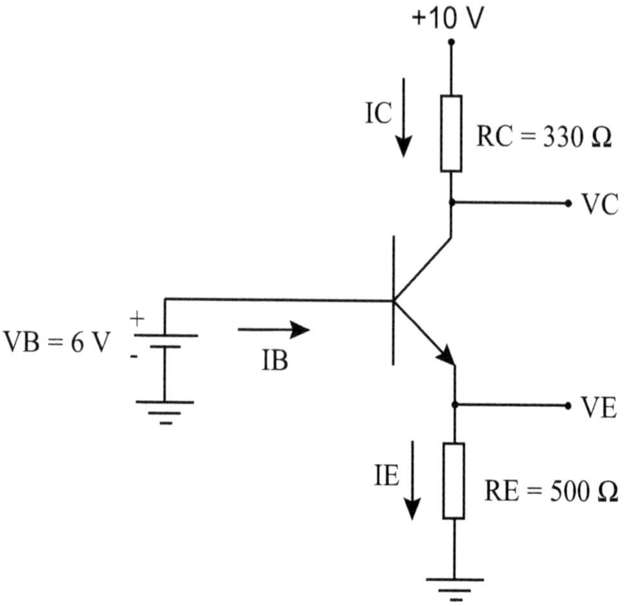

Fig. 4.20: Circuito de polarização com resistor de emissor.

culo do circuito usando a hipótese de que $V_{BE} = 600$ mV. Vamos equacionar a malha que envolve a fonte de alimentação V_B, a junção BE do transistor e o resistor R_E. Podemos escrever que :

$$V_B = R_E\, I_E + V_{BE}$$

ou seja, podemos calcular o valor de I_E como

$$I_E = \frac{V_B - V_{BE}}{R_E} = \frac{6 - 0{,}6}{500} = 10{,}8\,\text{mA}$$

Ora, com valor de I_E conhecido, os cálculos de I_C e I_B são imediatos:

$$I_C = \alpha_F I_E = \frac{\beta_F}{\beta_F + 1} I_E = \frac{200}{201} 10{,}8\,\text{mA} = 10{,}74\,\text{mA}$$

$$I_B = \frac{I_C}{\beta_F} = \frac{10{,}74\,\text{mA}}{200} = 0{,}054\,\text{mA}$$

O valor da tensão V_E é obtida por simples inspeção, já que $V_E = V_B - V_{BE}$. Portanto, $V_E = 5{,}4$ V. Finalmente vamos calcular a tensão V_C, que é dada por

$$V_C = 10 - R_C I_C = 10 - 330\,\Omega \cdot 10{,}74\,\text{mA} = 6{,}45\,\text{V}.$$

Finalmente, como o valor de $V_C = 6{,}45\,\text{V}$ calculado é maior do que $V_B = 6\,\text{V}$, a junção BC está com polarização reversa, e a hipótese inicial de que o transistor está na região direta está correta.

4.8 Exercícios do Capítulo 4

4.1 - Descreva o funcionamento de um transistor NPN sob polarização direta na junção B-E e polarização reversa na junção B-C, explicando a origem das correntes de emissor, coletor e base.

4.2 - Dado um transistor NPN que possui o perfil de dopagem indicado na Figura 4.21, calcule a densidade da corrente de elétrons injetados pela emissor na base (J_{Sne}) e a densidade da corrente de lacunas injetadas pela base no emissor (J_{Spe}).

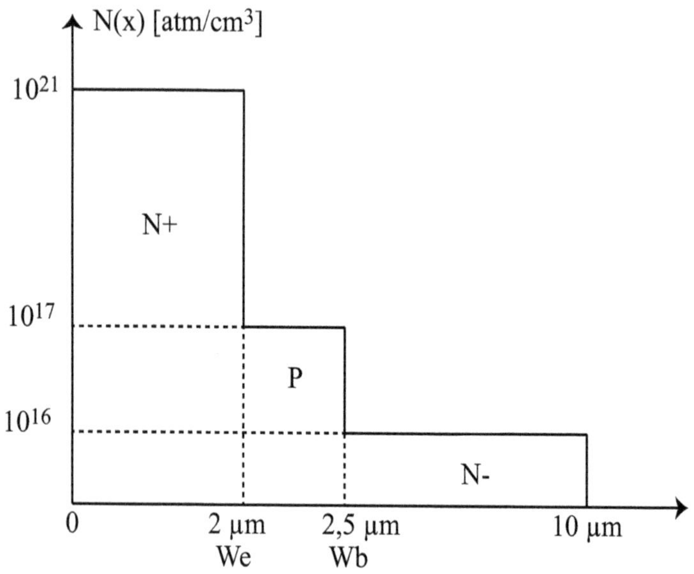

Fig. 4.21: Transistor NPN com perfil de dopagem constantes.

4.3 - Para o mesmo transistor com o perfil dado na Figura 4.21, calcule a eficiência de injeção γ do transistor.

4.4 - A partir das equações $I_C = \alpha_F \, I_E$ e $I_C = \beta_F \, I_B$, mostre a dedução das equações 4.9, 4.10 e 4.11.

4.5 - Dado um transistor PNP que possui $\alpha_F = 0{,}99$, $\alpha_R = 0{,}75$ e $I_{ES} = 1\text{x}10^{-15}$ A, através da aplicação das equações do modelo de Ebers-Moll, use uma planilha de dados e calcule a corrente I_C em função da tensão V_{CE}, para V_{CE} variando entre 0 V e 1 V (de 1 mV em 1 mV), para um valor fixo de $V_{BE} = 600$ mV. Use $V_T = 25$ mV. Como você explica os valores de I_C para valores de V_{CE} muito baixos (entre 0 V e 5 mV)?

4.6 - Dado um transistor com tensão Early $V_A = 80$ V que está polarizado com um V_{BE} tal que, para $V_{CB} = 0$ temos $I_C = 1mA$, calcule o valor da corrente de coletor que irá circular no transistor se o V_{BE} for mantido constante e a tensão V_{CB} for aumentada para 40 V.

4.7 - Um transistor PNP com polarização direta apresenta $I_C = 5$ mA. Se esse transistor possui $V_A = 100$ V e está numa temperatura onde $V_T = 25$ mV, desenhe e calcule os parâmetros do modelo $\pi-$híbrido.

4.8 - Calcule os valores das correntes e tensões no circuito da Figura 4.22, considerando que o transistor do circuito possui $B_F = 200$.

4.9 - O transistor PNP da Figura 4.23 está polarizado com um divisor resistivo na base, formado por R_1,R_2. Calcule o valor das tensões e correntes no circuito, sabendo que o transistor possui $\alpha_F = 0{,}998$.

4.10 - O circuito da Figura 4.24 apresenta dois transistores na chamada configuração "cascode". Os dois transistores possuem $\beta_F = 100$. Calcule todas as correntes e tensões no circuito.

4.11 - Para o circuito da Figura 4.24, desenhe o modelo AC do circuito, substituindo os transistores pelos seus modelos $\pi-$híbrido. Lembre que todas as tensões DC do circuito

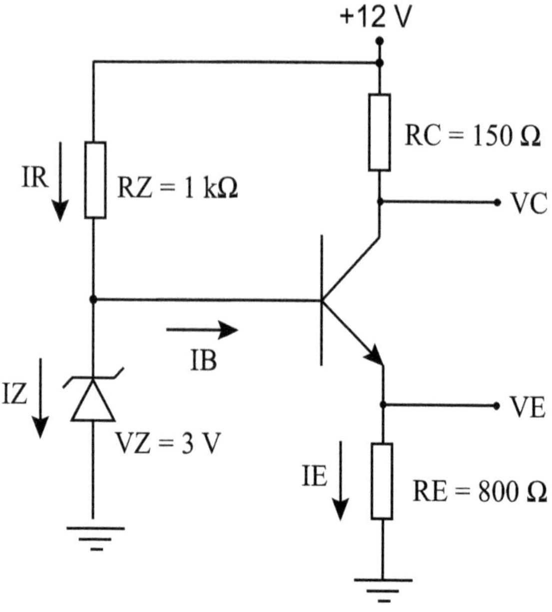

Fig. 4.22: Circuito com transistor NPN.

devem ser ligadas ao terra, já que não possuem variação AC. A partir dos valores de polarização calculados no Exercício 4.10, calcule os parâmetros dos modelos π−híbrido dos dois transistores sabendo que a tensão Early deles é $V_A = 100$ V. Considere $V_T = 25$ mV.

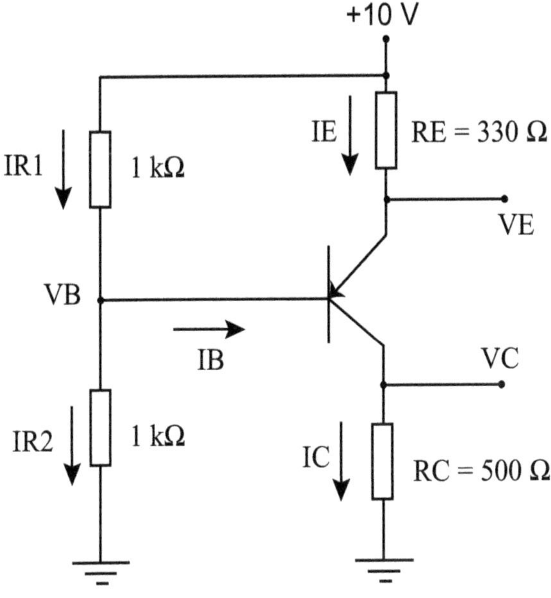

Fig. 4.23: Circuito com transistor PNP e divisor resistivo na base.

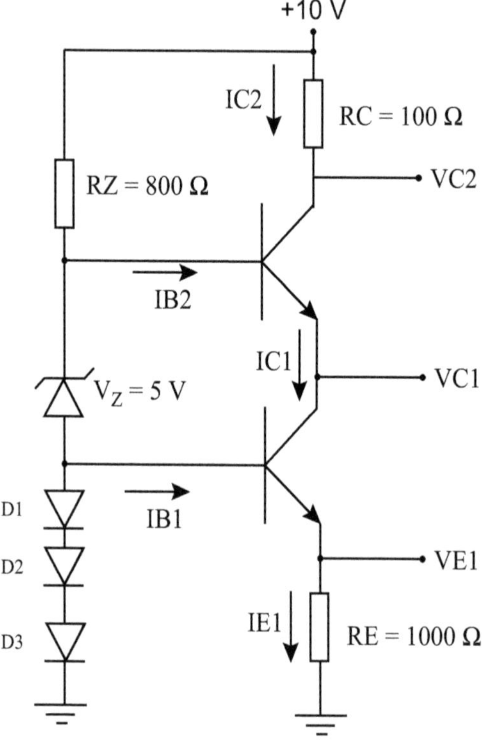

Fig. 4.24: Circuito com transistores NPN, diodos convencionais e diodo zener.

Capítulo 5

O Transistor JFET

5.1 Estrutura do transistor JFET

O transistor JFET (do inglês *Junction Field Effect Transistor*) é talvez o dispositivo ativo semicondutor mais simples. É formado por um pedaço de semicondutor (tipo N ou tipo P, dependendo do modelo do JFET), com duas regiões interligadas formando duas junções PN, como apresentado na Figura 5.1. A região central, chamada de canal, é tipo N no transistor JFET canal N, e tipo P no transistor JFET canal P. Essa região do canal possui, nos extremos do transistor, dois terminais com contatos ôhmicos, chamados de dreno (D) e source (S).

Alguns poucos autores brasileiros traduzem o nome desse terminal e o chamam de fonte (F), mas isso é raramente encontrado na literatura. Os terminais das duas difusões que formam as junções PN com a região do canal (que aparecem interligados na Figura 5.1, são chamadas de gate (G). Como já citado, alguns autores brasileiros traduzem o nome deste terminal e o chamam de porta (P).

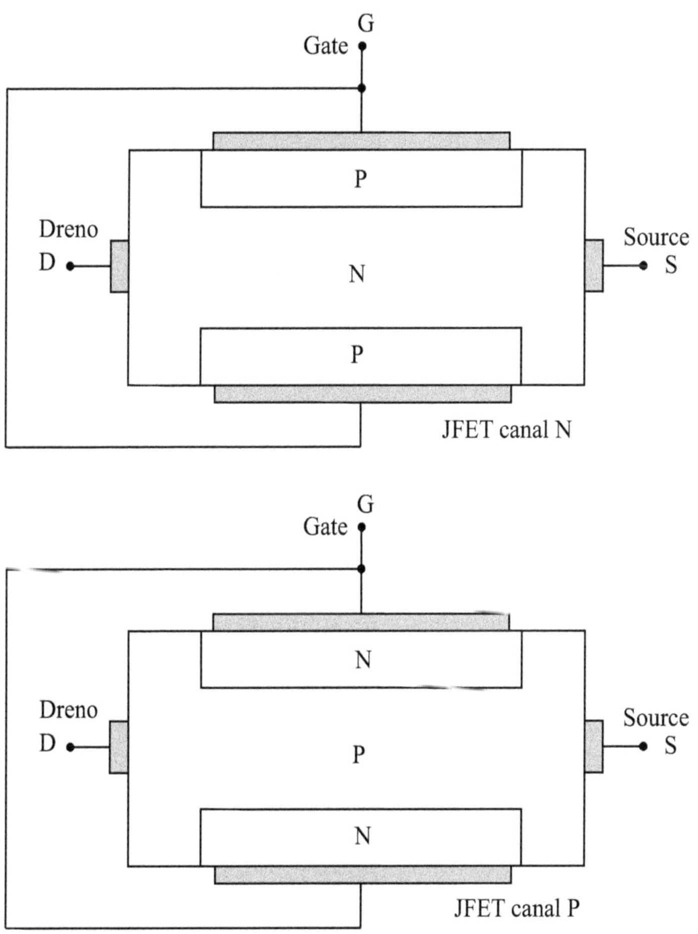

Fig. 5.1: Transistores JFET canal N e canal P.

Os símbolos usados para os transistores JFET canal N e canal P são apresentados na Figura 5.2. O sentido da seta no terminal do gate indica o sentido da junção PN formada pelo terminal do gate e a região do canal.

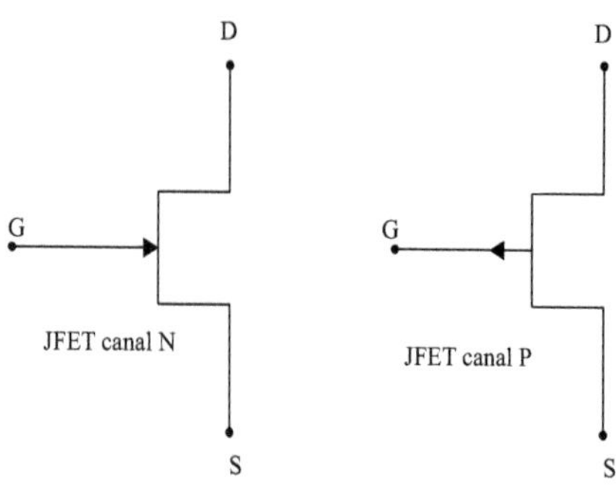

Fig. 5.2: Símbolos do transistores JFET canal N e canal P.

5.2 Princípio de funcionamento do JFET

Ao contrário do transistor bipolar, cujo funcionamento depende da injeção de portadores minoritários, o JFET funciona conduzindo a corrente formada pelos portadores majoritários existentes na região do canal (lacunas para um JFET canal P e elétrons para um JFET canal N).

Utilizaremos o esquema da Figura 5.3(a) para iniciar a explicação sobre o funcionamento do JFET. Vamos aplicar uma tensão $V_{GS} = 0$ e assumir que a tensão V_{DS} aplicada é positiva, porém muito pequena (por exemplo, $V_{DS} \approx 10$ mV). Com $V_{GS} = 0$ e esta tensão V_{DS} positiva no terminal do dreno, existe um fluxo de corrente do terminal do dreno para o terminal da source (I_{DS}), cujo valor é função do valor de V_{DS} e da resistência do canal.

Com a tensão $V_{GS} = 0$, a região de depleção das junções gate-canal é praticamente constante ao longo do dispositivo. Na realidade existe uma pequena diferença, já que a região do canal está com um potencial de 10 mV do lado do dreno e 0 V do lado da source. Porém, como estamos interessados nas regiões de depleção, estes 10 mV podem ser ignorados, e vamos considerar que a região de depleção se estende uniformemente ao longo de todo o canal, que é ladeado pelas difusões que formam as regiões do gate.

Se alterarmos a tensão V_{GS} para valores negativos, iremos aumentar as regiões de depleção, como indicado na Figura 5.3(b). Como pode-se observar, as regiões de depleção aumentaram e o canal ficou mais estreito, tendo a sua resistência aumentada. Como resultado, observamos que a corrente I_{DS} diminui com o aumento da tensão negativa V_{GS}.

Se, entretanto, continuarmos a diminuir a tensão V_{GS} (fazendo com que fique mais negativa), as regiões de depleção continuam aumentado em direção ao centro do canal, até o momento onde as duas regiões de depleção se encontram, ficando o canal totalmente depletado de portadores de carga (tanto de elétrons como de lacunas), como apresentado na Figura 5.3(c). Quando V_{GS} é tal que as regiões de depleção se tocam e o canal fica totalmente depletado, as corrente I_{DS} cai para zero, e o transistor se encontra na região de corte. A esta tensão damos o nome de "tensão de *pinch-off*", ou ainda, em português, tensão de pinçamento do canal, V_P.

A seguir vamos iniciar a análise pelo o caso onde a tensão V_{GS} é nula, ou seja, o canal não está no *pinch-off*, e temos uma tensão V_{DS} positiva (porém ainda bem baixa) aplicada, de forma que temos uma corrente circulando do dreno para a source. Se aumentarmos a tensão V_{DS} paulatinamente, a corrente I_{DS} aumenta proporcionalmente ao aumento de V_{DS}, como vemos na Figura 5.4. Como temos a corrente I_{DS} saindo do terminal do dreno em direção ao terminal da source, o potencial do lado do dreno é o mais alto no dispositivo, e esse potencial vai caindo ao longo do canal, em direção ao terminal da source, onde esse potencial é zero (a source está aterrada).

Ao aumentarmos a tensão V_{DS} de forma significativa (alguns volts, por exemplo), a tensão reversa entre a parte superior do canal e o terminal de gate é maior do que a tensão reversa entre o terminal de source e o terminal do gate (que está com $V_{GS} = 0$). Com isso, a região de depleção próxima ao terminal do dreno é maior, como vemos na Figura 5.5.

É importante observar que, conforme as regiões de depleção se aproximam na região perto do terminal do dreno, o formato do canal se estreita e sua resistência aumenta. Embora ao aumentarmos V_{DS} a corrente deva aumentar, a resistência do canal também aumenta, fazendo com que a corrente não continue aumentando de forma linear (como vimos na Figura 5.4), mas sim com uma taxa de aumento dI_D/dV_{DS}, que vai diminuindo conforme aumentamos V_{DS}.

Esse processo de aumento de I_D com V_{DS} (com uma taxa dI_D/dV_{DS} não linear), acontece até o momento em que a tensão V_{DS} aumenta tanto que as regiões de depleção se tocam em um ponto, como indicado na Figura 5.6. Isso ocorre quando a tensão V_{DS} atinge o valor $V_{DS} = V_P$.

Neste ponto o canal atingiu a região de *pinch-off*, e é importante responder uma pergunta que sempre aparece nesta situação: se o canal fica interrompido quando as regiões de depleção se tocam, por que a corrente não cai instantaneamente para zero?

Vamos estudar o caso de um JFET canal N. Ao aplicarmos um potencial positivo no terminal do dreno, os portadores livres na região do canal N (elétrons) fluem no sentido da source para o dreno. Os elétrons são acelerados pelo campo elétrico (que está no sentido contrário ao do movimento dos elétrons) e, ao atingirem o ponto em que as regiões de depleção se tocam, podem facilmente atravessar essa região de depleção (que não possui cargas) e, ao saírem do outro lado, estão sujeitos ao campo elétrico na região do canal, que os leva a serem coletados pelo terminal do dreno. A partir desse ponto, como a resistência do canal praticamente não muda com o aumento de V_{DS}, a corrente I_D não aumenta mais.

Na Figura 5.7 temos uma curva de I_D em função de V_{DS}, onde vemos que a corrente I_D não aumenta com o aumento de V_{DS}, depois que o canal entra em *pinch-off*, com $V_{DS} = V_P$.

A análise feita até o momento foi para $V_{GS} = 0$, porém é importante analisar o que acontece com a curva de I_D x

V_{DS} se aumentarmos a tensão negativa V_{GS}, por exemplo $V_{GS} = -1$ V. Como vimos anteriormente, para $V_{GS} = 0$, o *pinch-off* ocorre quando a polarização reversa V_{DG} entre o terminais de gate e dreno é $V_{DG} = V_P$. Se essa polarização reversa agora é alterada, já que tensão V_{GS} fica negativa, com $V_{GS} = -1$ V, fica claro que o *pinch-off* ocorre quando a polarização reversa V_{DS} é menor do que $V_{DS} = V_P$. Por exemplo, em um transistor JFET canal N que possui $V_P = -6$ V, quando $V_{DS} = 5$ e $V_{GS} = -1$ V, o *pinch-off* já ocorre, pois a polarização reversa entre gate e dreno torna-se igual a V_P, ou seja $V_{DG} = V_{DS} - V_{GS} = 5 - (-1) = 6$ V.

Na Figura 5.8 vemos as diversas curvas de I_D em funçao de V_{DS}, para um JFET canal N, onde evidenciamos a curva do lugar geométrico onde $V_{DG} = V_{DS} - V_{GS} = V_P$.

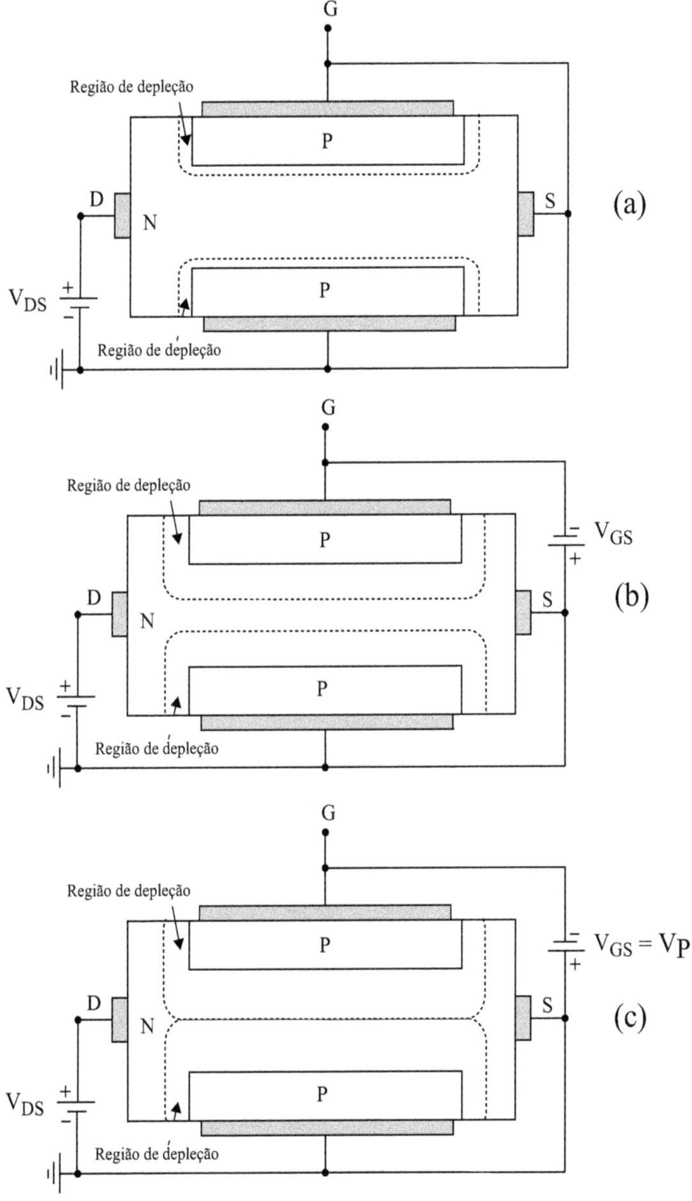

Fig. 5.3: JFET canal N com V_{DS} muito pequena, com: (a) $V_{GS} = 0$; (b) $V_{GS} < 0$; (c) $V_{GS} < 0$ porém com $V_{GS} = V_P$.

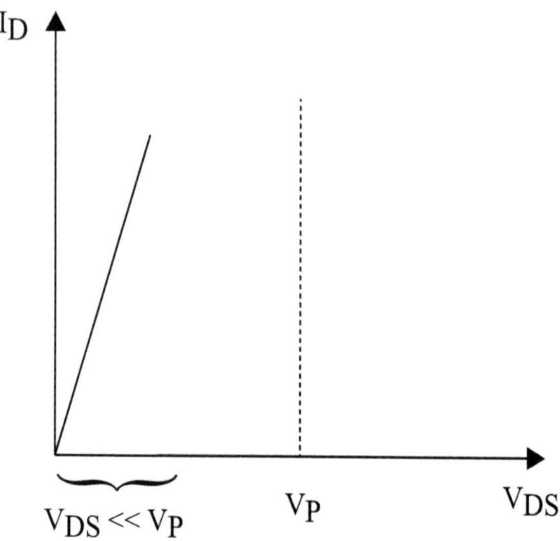

Fig. 5.4: Variação da corrente de drenos I_D em função de V_{DS} em JFET canal N, para $V_{DS} << V_P$.

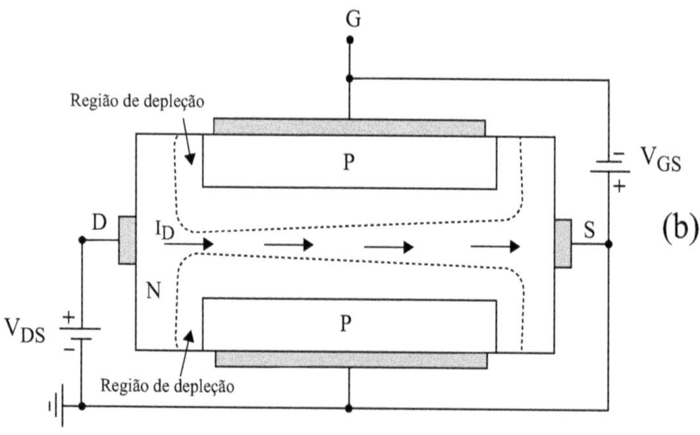

Fig. 5.5: A região de depleção é maior do lado do dreno do que do lado da source.

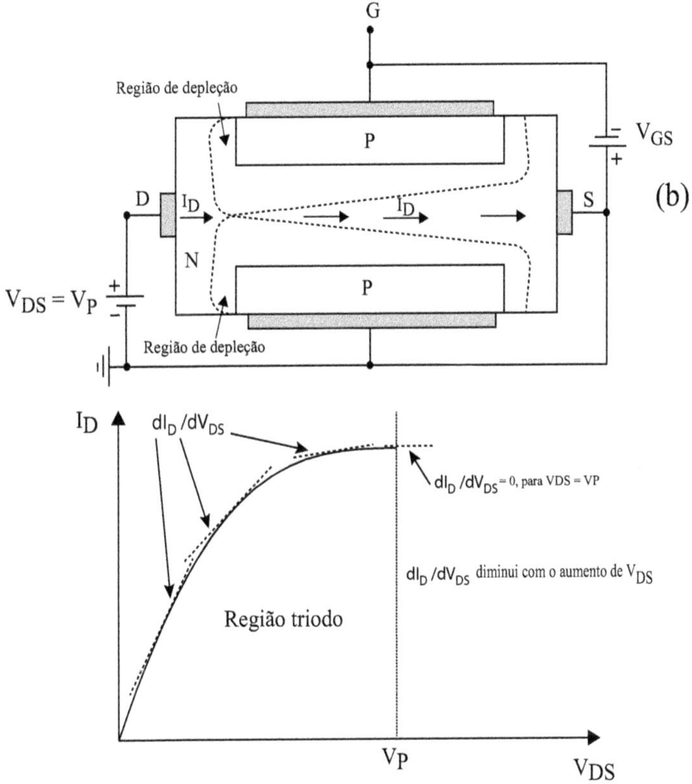

Fig. 5.6: O aumento da tensão V_{DS} faz com que as regiões de depleção se toquem em um ponto. A taxa de subida dI_D/dV_{DS} é não linear e diminui, tendendo a zero quando nos aproximamos de $V_{DS} = V_P$. Para $V_{DS} = V_P$, temos $dI_D/dV_{DS} = 0$.

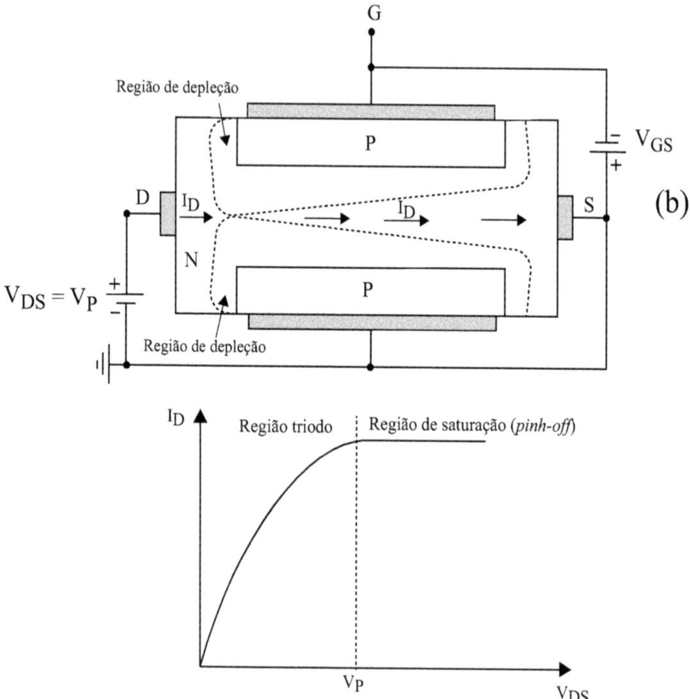

Fig. 5.7: Após o canal entrar em *pinch-off*, a corrente I_{DS} não aumenta mais com o aumento da tensão V_{DS}.

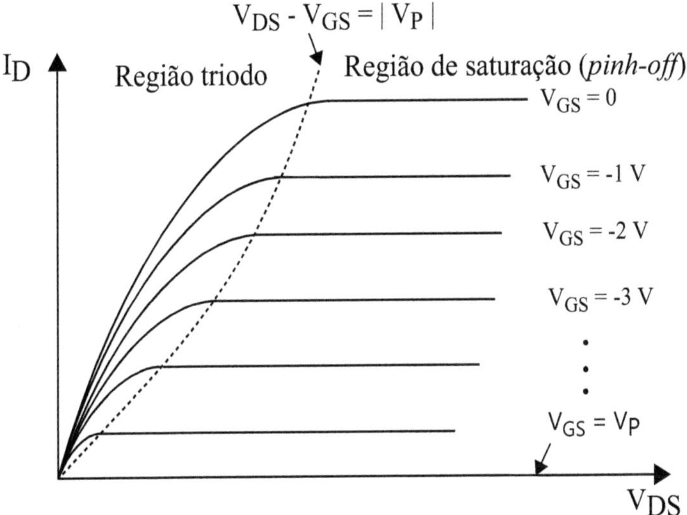

Fig. 5.8: Curvas de I_{DS} x V_{DS}, para um JFET canal N. A curva pontilhada indica os pontos onde $V_{DG} = V_{DS} - V_{GS} = V_P$.

5.3 Equacionamento do JFET

Com base no que vimos na secção anterior, observamos que o JFET fica totalmente caracterizado por dois parâmetros: a tensão de *pinch-off* V_P e a corrente I_{DSS}, que é a corrente que passa pelo JFET com os terminais de gate e source curto-circuitados, para uma tensão V_{DS} aplicada tal que $V_{DS} \geq V_P$.

Na Figura 5.9 temos uma parte de um *data-sheet* de transistores JFET canal N (J111 e J112), fabricados pela *On Semicondutors*, onde vemos que V_P varia de -3 V a -10 V para o J111 e de -1 V a -5 V para o J112. O valor de I_{DSS} é de no mínimo 20 mA para o transistor J111.

O JFET possui três regiões de operação. Para um JFET canal N temos:

i) Região de corte, onde $I_D = 0$, para $V_{GS} \leq V_P$;

ii) Região triodo, para $V_P \leq V_{GS} \leq 0$ e $V_{DS} \leq V_{GS} - V_P$, onde vale a equação:

$$I_D = I_{DSS} \left[2 \left(1 - \frac{V_{GS}}{V_P} \right) \left(\frac{V_{DS}}{-V_P} \right) - \left(\frac{{V_{DS}}^2}{V_P} \right) \right] \quad (5.1)$$

Essa região é muitas vezes chamada de região linear, já que, para valores de $V_{DG} = V_{DS} - V_{GS}$ bem menores do que V_P, o comportamento de I_D x V_{DS} é praticamente uma reta.

iii) Região de saturação (ou *pinch-off*), para $V_P \leq V_{GS} \leq 0$

J111, J112

ELECTRICAL CHARACTERISTICS (T_A = 25°C unless otherwise noted)

Characteristic		Symbol	Min	Max	Unit
OFF CHARACTERISTICS					
Gate–Source Breakdown Voltage (I_G = −1.0 μAdc)		$V_{(BR)GSS}$	35	–	Vdc
Gate Reverse Current (V_{GS} = −15 Vdc)		I_{GSS}	–	−1.0	nAdc
Gate Source Cutoff Voltage (V_{DS} = 5.0 Vdc, I_D = 1.0 μAdc)	J111 J112	$V_{GS(off)}$	−3.0 −1.0	−10 −5.0	Vdc
Drain–Cutoff Current (V_{DS} = 5.0 Vdc, V_{GS} = −10 Vdc)		$I_{D(off)}$	–	1.0	nAdc
ON CHARACTERISTICS					
Zero–Gate–Voltage Drain Current[1] (V_{DS} = 15 Vdc)	J111 J112	I_{DSS}	20 5.0 2.0	– – –	mAdc
Static Drain–Source On Resistance (V_{DS} = 0.1 Vdc)	J111 J112	$r_{DS(on)}$	– –	30 50	Ω
Drain Gate and Source Gate On–Capacitance (V_{DS} = V_{GS} = 0, f = 1.0 MHz)		$C_{dg(on)}$ + $C_{sg(on)}$	–	28	pF
Drain Gate Off–Capacitance (V_{GS} = −10 Vdc, f = 1.0 MHz)		$C_{dg(off)}$	–	5.0	pF
Source Gate Off–Capacitance (V_{GS} = −10 Vdc, f = 1.0 MHz)		$C_{sg(off)}$	–	5.0	pF

1. Pulse Width = 300 μs, Duty Cycle = 3.0%.

Fig. 5.9: Folha de dados dos transistores J111 e J112.

e $V_{DS} \geq V_{GS} - V_P$, onde vale a equação:

$$I_D = I_{DSS}\left(1 - \frac{V_{GS}}{V_P}\right)^2 \tag{5.2}$$

Neste ponto devemos lembrar que, embora tenhamos assumido que a corrente I_D não varia mais depois que o transistor sai da região de triodo e entra na região de saturação (ou de *pinch-off*), isso não é verdade. Se observarmos a Figura 5.10, vemos que, depois que as regiões de depleção se tocam, se continuarmos aumentando a tensão V_{DS}, a área de contato entre as duas regiões de depleção aumenta, diminuindo a resistência do canal. Com isso, temos um pequeno aumento da corrente I_D com o aumento de V_{DS}.

Isso pode ser observado no gráfico da Figura 5.11, onde vemos o gráfico de I_{DS} x V_{DS} para vários valores de V_{GS}. Para modelar o aumento da corrente I_D com o aumento de V_{DS}, que ocorre devido à variação da resistência do canal (fenômeno chamado de modulação do comprimento do canal), define-se um parâmetro λ, cuja unidade é $[V^{-1}]$. Com isso, a Eq 5.2 é modificada e deve ser escrita como:

$$I_D = I_{DSS}\left(1 - \frac{V_{GS}}{V_P}\right)^2 [1 + \lambda V_{DS}] \tag{5.3}$$

Para o JFET canal P definimos os mesmos valores, porém I_{DSS} é negativo (a corrente entra pelo terminal da source e sai pelo terminal do dreno), e V_P é positivo.

Devemos lembrar que para qualquer que seja o tipo de

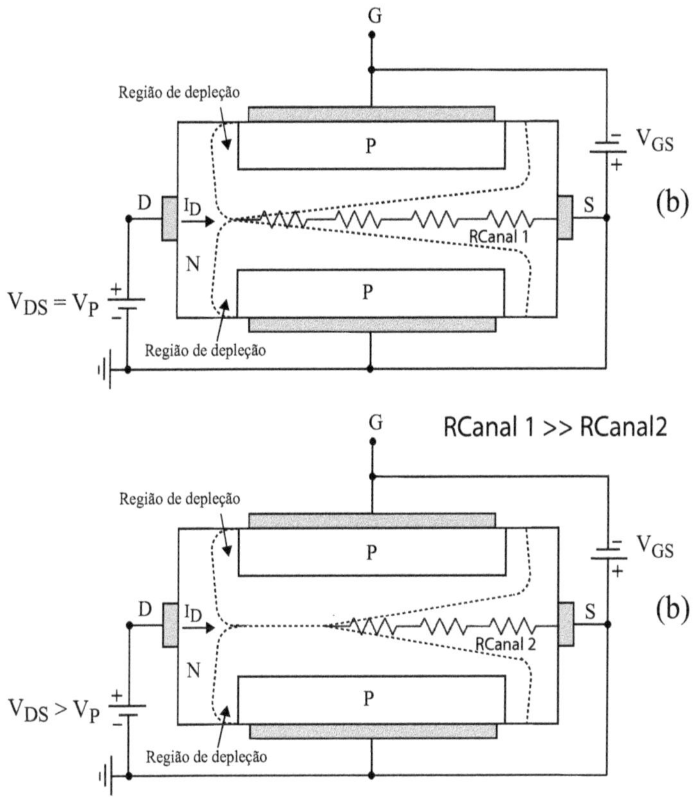

Fig. 5.10: A resistência do canal diminui ligeiramente com o aumento de V_{DS}.

JFET, a condição básica para sua operação é que as junções não sejam polarizadas diretamente, ou o dispositivo vira um diodo. Evidentemente é permitida uma pequena polarização direta na junção (algo como 200 a 300 mV), já que para estas polarizações a junção está praticamente cortada, sem conduzir corrente que possa interferir no funcionamento do transistor.

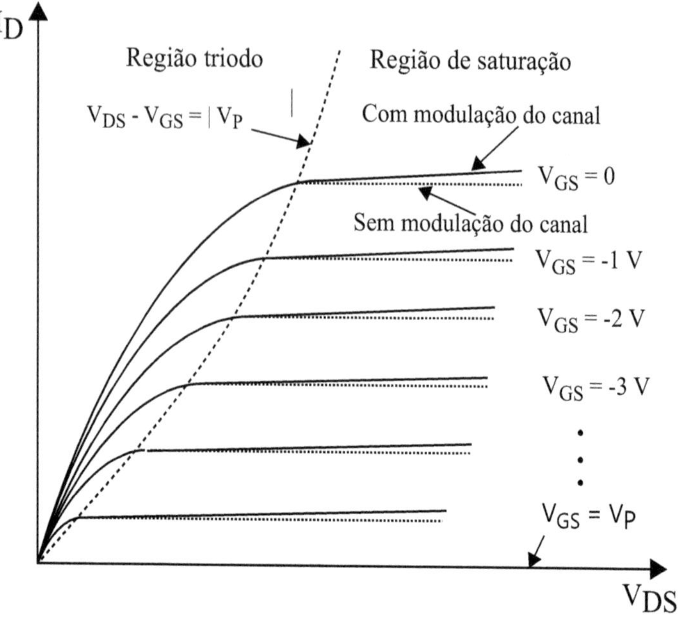

Fig. 5.11: O efeito da modulação do canal faz com que a corrente I_D aumente ligeiramente com o aumento de V_{DS}.

Uma das características mais importantes do transistor JFET é que, como a junção PN formada pelo gate e o canal sempre opera sob polarização reversa, esta junção está sempre cortada e a corrente que flui pelo terminal do gate pode ser considerada nula, já que é a corrente de fuga de uma junção sob polarização reversa, normalmente da ordem de nA. Devido a esta característica, o JFET é usado em circuitos onde a impedância de entrada precisa ser muito alta, como, por exemplo, na entrada de op-amps de baixíssima corrente de entrada.

5.4 Caracterização de um transistor JFET

A obtenção dos parâmetros V_P e I_{DSS} de um JFET em um experimento de laboratório é bastante simples. A primeira montagem que se pode fazer é a apresentada no circuito da Figura 5.12. Nesse circuito temos o dreno curto-circuitado com a source o que, por definição, produz a corrente I_{DSS} circulando no transistor. O único cuidado que temos que tomar neste experimento é garantir que a tensão V_{DS} aplicada é maior do que $|V_P|$, pois só para $V_{GS} = 0$ e $V_{DS} \geq |V_P|$ é que a corrente I_D é igual I_{DSS}.

Portanto, o procedimento é ir aumentando o valor de V_{DS}, e observando o valor de corrente medido no amperímetro. Quando ao aumentarmos o valor de V_{DS} não observamos mais um aumento significativo da corrente I_D, isso significa que já entramos na região de *pinch-off* e o valor medido no amperímetro é numericamente igual a I_{DSS}.

Só nos falta montar um experimento para determinar o valor da tensão de *pinch-off*. É claro que poderíamos montar um circuito com $V_{DS} \geq |V_P|$ e ir diminuindo a tensão $V_{GS} leq 0$ até que a corrente I_D fique zerada. Entretanto ficaria difícil definir o que é "corrente zero". Menos de 1 μA? 10 nA? Depende da resolução do amperímetro?

Os fabricantes normalmente definam V_P como o valor de V_{GS} onde I_D atinge um determinado valor, como, por exem-

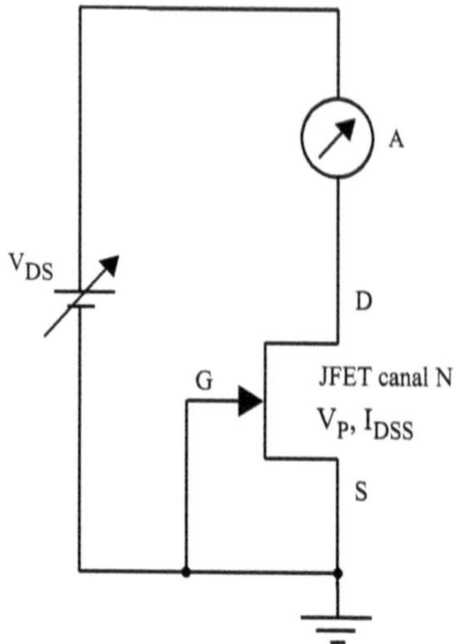

Fig. 5.12: Circuito para medida de I_{DSS} para um JFET canal N.

plo na Figura 5.9, onde V_P (*Gate Source Cutoff Voltage*) é definido para $I_D = 1$ μA. Entretanto, existe um método que nos permite obter o valor teórico de V_P para o qual $I_D = 0$.

Vamos montar um circuito como o apresentado na Figura 5.13, onde a tensão V_{DS} é $V_{DS} \geq |V_P|$, e a tensão V_{GS} (para $V_P \leq V_{GS} \leq 0$) deve ser variada de forma que ao menos três pontos de I_D sejam medidos.

Se tirarmos a raiz quadrada dos dois lados da Eq 5.2 ficamos com:

$$\sqrt{I_D} = \sqrt{I_{DSS}}\left(1 - \frac{V_{GS}}{V_P}\right) = \sqrt{I_{DSS}} - \left(\frac{\sqrt{I_{DSS}}}{V_P}\right) V_{GS} \tag{5.4}$$

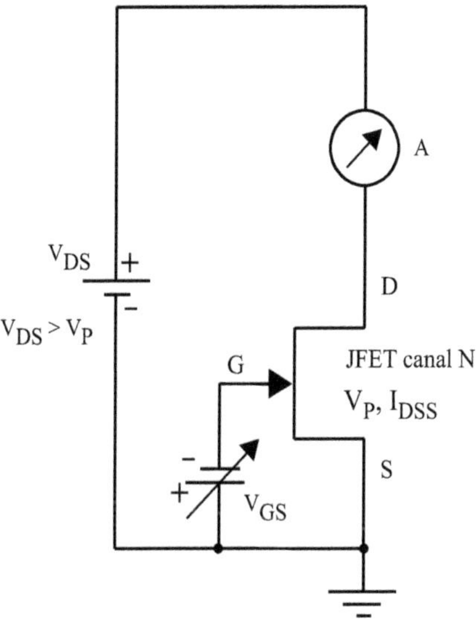

Fig. 5.13: Circuito para medida de V_P para um JFET canal N.

Como podemos observar, a Eq 5.4 é uma equação de reta do tipo $y = a + m\,x$, onde:

$$m = \left(-\frac{\sqrt{I_{DSS}}}{V_P}\right) \tag{5.5}$$

e

$$a = \sqrt{I_{DSS}} \tag{5.6}$$

Portanto, se pegarmos um JFET canal N (que possui V_P negativo) e fizermos medidas de I_{DS} em função de V_{GS} (ao menos três pontos), usando o circuito da Figura 5.13, ao traçarmos um gráfico de $\sqrt{I_D}$ em função de V_{GS}, devemos obter uma reta, como indicado na Figura 5.14. Recomenda-se utilizar ao menos três pontos, para garantir que estejam alinhados, minimizando a possibilidade de traçar uma reta passando por dois pontos de medidas erradas.

A partir desse gráfico podemos calcular a inclinação da reta m e obter o valor de V_P, usando a Eq 5.5. É interessante notar que se tomarmos o valor de $\sqrt{I_D}$ no ponto onde a reta cruza o eixo y ($\sqrt{I_D}$ para $V_{GS} = 0$), obtemos o valor de $\sqrt{I_{DSS}}$. Dessa forma, a partir do gráfico da Figura 5.14, é possível calcular tanto o valor V_P como o de I_{DSS}.

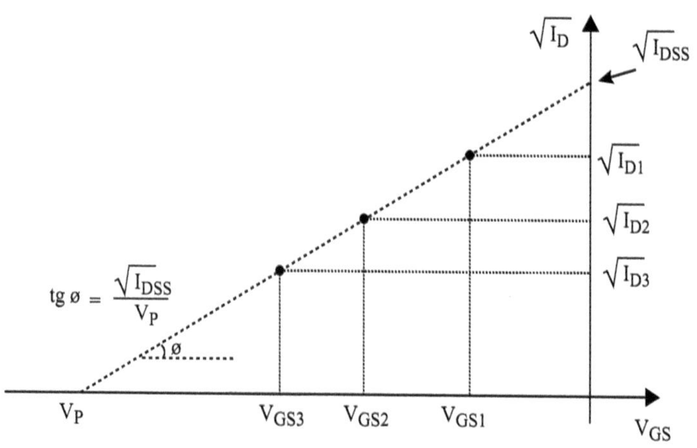

Fig. 5.14: Reta traçada a partir de pontos medidos de $\sqrt{I_D}$ em função de V_{GS}.

5.5 Modelo para pequenos sinais do JFET

De forma análoga ao que foi feito com o transistor bipolar, vamos desenvolver um modelo *ac* que permita calcular o comportamento do JFET quado excitado por sinais *ac* de pequena amplitude. O procedimento a ser realizado é exatamente o mesmo feito para o TBJ no Capítulo 3: vamos derivar a Eq 5.2, que descreve a corrente I_D em função da tensão V_{GS} na região de saturação, em torno de um ponto de operação (I_{D0}, V_{GS0}).

$$\frac{dI_D}{dV_{GS}} = \frac{d}{dV_{GS}}\left[I_{DSS}\left(1 - \frac{V_{GS}}{V_P}\right)^2\right] \tag{5.7}$$

Essa derivada, que recebe o nome de transcondutância do JFET, designada pela mesma variável g_m, é normalmente apresentada como:

$$g_m = \left.\frac{dI_D}{dV_{GS}}\right|_{V_{GS}=V_{GS0}} = \left(\frac{2I_{DSS}}{|V_P|}\right)\left(1 - \frac{V_{GS0}}{V_P}\right) \tag{5.8}$$

Como, entretanto, da Eq 5.2 podemos ver que

$$\sqrt{\frac{I_D}{I_{DSS}}} = \left(1 - \frac{V_{GS}}{V_P}\right)$$

a transcondutância do JFET pode ser também descrita como:

$$g_m = \left.\frac{dI_D}{dV_{GS}}\right|_{I_D=I_{D0}} = \left(\frac{2I_{DSS}}{|V_P|}\right)\sqrt{\frac{I_{D0}}{I_{DSS}}} \qquad (5.9)$$

Com isso, a transcondutância do JFET pode ser calculada tanto quando a tensão V_{GS0} é conhecida (usando a Eq 5.8) ou quando a corrente I_{DS0} é conhecida (usando a Eq 5.9).

Neste ponto é importante comparar, numericamente, o valor de g_m para um transistor bipolar e para um transistor JFET, quando polarizados com a mesma corrente. Vamos supor que a corrente que circula nos transistores é de 1 mA. Para o transistor bipolar temos que usar a Eq 4.53 do Capítulo 3, e obtemos, para $V_T = 25$ mV:

$$g_m = \frac{I_{C0}}{V_T} = \frac{1\text{mA}}{25\,\text{mV}} = 40\text{x}10^{-3}\,\text{A}\,\text{V}^{-1}.$$

No caso do JFET, vamos usar a Eq 5.9, já que a variável conhecida é I_{DS0}. Vamos tomar como exemplo o transistor JFET J112 (cujo *datasheet* é apresentado na Figura 5.9), onde temos $|V_P|$ da ordem de 4 V e $I_{DSS} = 20$ mA e calculamos g_m como:

$$g_m = \left(\frac{2I_{DSS}}{|V_P|}\right)\sqrt{\frac{I_D}{I_{DSS}}} = \left(\frac{2\cdot 20\text{mA}}{|-4|}\right)\sqrt{\frac{1\text{mA}}{20\text{mA}}} = 2\,\text{x}10^{-3}\,\text{A}\,\text{V}^{-1}$$

Concluímos, portanto, que a transcondutância do transistor JFET é cerca de 20 vezes menor do que a transcondutância de um transistor bipolar.

5.6 Circuitos com transistores JFET

Os cálculos de tensões e correntes em circuitos com transistores JFET é mais simples do que nos circuitos com transistores bipolares, pois a corrente de gate é nula.

Exemplo 5.1 Na Figura 5.15), vemos um exemplo de um circuito de polarização de um JFET canal N, que possui $V_P = -5$ V e $I_{DSS} = 10$ mA.

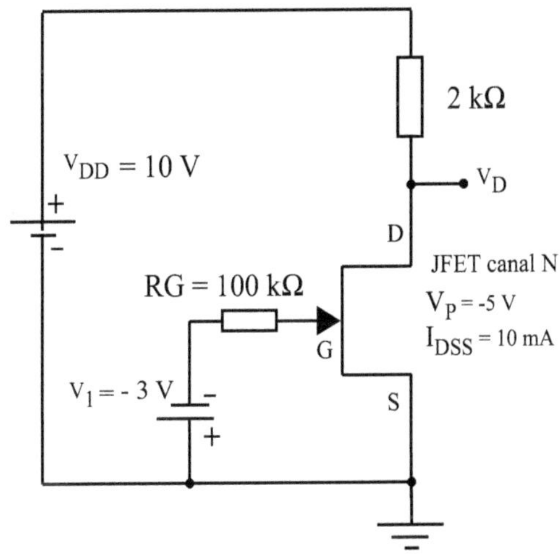

Fig. 5.15: Circuito de polarização de um JFET.

A primeira coisa que podemos observar no circuito da Figura 5.15 é que, como a corrente de gate do JFET é zero, não existe queda de tensão no resistor R_G, ou seja, a tensão no gate é exatamente igual a $V_1 = -3$ V. Como o terminal da source está aterrado, o valor de V_{GS} no transistor é $V_{GS} = -3$ V. Podemos calcular a corrente de dreno I_D diretamente, usando a

Eq 5.4:

$$I_D = I_{DSS}\left(1 - \frac{V_{GS}}{V_P}\right)^2 = 10\,\text{mA}\left(1 - \frac{-3}{-5}\right)^2 = 1{,}6\,\text{mA}$$

Pelo princípio de construção do JFET, a corrente de source I_S é exatamente igual à corrente de dreno, portanto $I_S =$ 1,6 mA. Falta apenas calcular o valor da tensão de dreno, e conferir se o JFET está operando na região de saturação, condição necessária para que a Eq 5.4 possa ser empregada. A tensão V_D é caculada simplesmente como $V_D = V_{DD} - R_D\, I_D$, ou seja, $V_D = 10 - 2000\,\Omega\, 1{,}6$ mA $= 6{,}8$ V. Como precisamos ter $V_{DS} \geq V_{GS} - V_P$ para que o transistor esteja na região de saturação, calculamos $(V_{GS} - V_P) = (-3$ V$) - (-5\,$V$ = 2$ V$)$. Logo, $(6{,}8\,$V ≥ 2 V$)$, o transistor está operando na região de saturação e os cálculos apresentados, usando a Eq 5.4, estão corretos.

Exemplo 5.2 Na Figura 5.16) vemos o mesmo transistor JFET canal N (com $V_P = -5$ V e $I_{DSS} = 10$ mA), polarizado com um circuito que inclui além do resistor no gate $R_G =$ 1 MΩ e do resistor de dreno $R_D = 500\ \Omega$, um resistor na source $R_S = 250\ \Omega$.

Analogamente ao exemplo anterior, como a corrente de gate é zero, a queda de tensão no resistor $R_G = 1$ MΩ é zero e, portanto, a tensão no gate é zero. Vamos admitir que o transistor está operando na região de saturação, de forma que a corrente de dreno possa ser calculada usando a Eq 5.4.

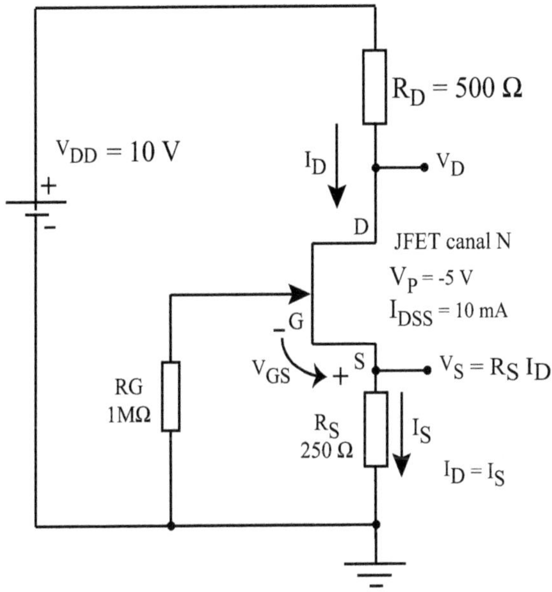

Fig. 5.16: Circuito de polarização de um JFET com resistores no gate e na source.

Como a corrente de source é igual à corrente de dreno, podemos escrever que a tensão na source do JFET é simplesmente $V_S = I_D\,R_S$, ou seja, a tensão V_{GS} é dada por $V_{GS} = -I_D\,R_S$. Com a corrente de dreno dada pela Eq 5.4, podemos escrever que:

$$I_D = I_{DSS}\left(1 - \frac{V_{GS}}{V_P}\right)^2 = I_{DSS}\left(1 - \frac{-R_S\,I_D}{V_P}\right)^2$$

Portanto, ficamos com uma equação de segundo grau, com

I_D de incógnita, dada por:

$$\frac{I_D}{I_{DSS}} = 1 - 2\frac{-R_S I_D}{V_P} + \left(\frac{-R_S\, I_D}{V_P}\right)^2$$

ou, colocando de uma forma mais usual:

$$\left(\frac{-R_S}{V_P}\right)^2 {I_D}^2 + \left[2\frac{R_S I_D}{V_P} - \frac{1}{I_{DSS}}\right] I_D + 1 = 0$$

Substituindo os valores de $V_P = -5$ V, $I_{DSS} = 10$ mA e $R_S = 250\ \Omega$, obtemos duas soluções (lembre que é uma equação de segundo grau): $I_{D1} = 74{,}6$ mA e $I_{D2} = 5{,}36$ mA. Devemos escolher qual das duas soluções faz sentido físico para o circuito, o que neste caso é muito simples, já que uma das soluções apresenta um valor de corrente maior do que I_{DSS} (o que é fisicamente impossível). Dado I_D, a tensão V_{GS} é simplesmente $V_{GS} = -I_D\, R_S = 5{,}36\text{mA}\, 250 = -1{,}34$ V.

Finalmente temos que calcular a tensão V_D e verificar se o transistor está operando na região de saturação (o que nos permite usar a Eq 5.4 para calcular I_D). A tensão $V_S = I_D\, R_S = 5{,}36\text{mA}\, 250\Omega$, logo $V_S = 1{,}34$ V e $V_{GS} = -1{,}34$ V, e a tensão V_D é dada por $V_D = V_{DD} - R_D\, I_D$, ou seja, $V_D = 10 - 250\,\Omega\, 5{,}36$ mA $= 8{,}66$ V. Com as tensões $V_{DS} = 8{,}66 - 1{,}34 = 7{,}32$ V e $V_{GS} = -1{,}34$ V, temos $V_{GS} - V_P = -1{,}34 - (-5) = 3{,}66$ V. Como $8{,}66 \geq 3{,}66$, o transistor está operando na região de saturação e os cálculos apresentados, usando a Eq 5.4, estão corretos.

Uma técnica que muitas vezes é utilizada na solução de circuitos com JFET é a solução gráfica. Esta técnica consiste em traçar a curva I_D x V_{GS} e encontrar os pontos de operação do transistor, através do traçado das retas das equações do circuito.

Vamos, em primeiro lugar, apresentar uma forma simples de traçar o gráfico I_D x V_{GS}, para um transistor com os valores conhecidos de V_P e I_{DSS}. A primeira providência é calcular o valor de I_D para $V_{GS} = 0$, que sabemos que é $I_D = I_{DSS}$. O outro ponto de cálculo imediato é o valor de V_{GS} para $I_D = 0$ que, por definição, sabemos que é $V_{GS} = V_P$. O terceiro ponto escolhido é o ponto onde $V_{GS} = V_P/2$, já que o valor de I_D, calculado através da Eq 5.4, fica dado por $I_D = I_{DSS}/4$.

Na Figura 5.17 vemos um gráfico de I_D x V_{GS} de um transistor, onde destacamos os três pontos apresentados. Note que, a partir desses pontos, é possível fazer um gráfico aproximado da curva do transistor (a mão livre), lembrando que a curva resultante é uma parábola, já que temos uma equação de segundo grau.

Exemplo 5.3 Neste exemplo vamos resolver, usando o método gráfico, o mesmo problema do Exemplo 2. Para este circuito podemos escrever que:

$$V_{GS} = -R_S\, I_D \rightarrow V_{GS} = -250\, I_D$$

Como sabemos que

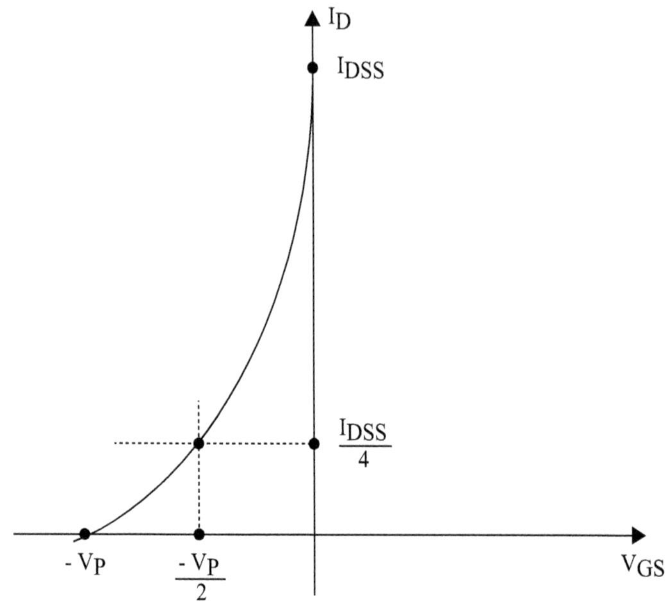

Fig. 5.17: Pontos de cálculo imediato da curva I_D x V_{GS}.

$$I_D = I_{DSS}\left(1 - \frac{V_{GS}}{V_P}\right)^2$$

podemos traçar as duas curvas no mesmo gráfico, como mostrado na Figura 5.18.

A equação do transistor é traçada com o método apresentado na Figura 5.17, e a reta $V_{GS} = -250\,I_D$ é traçada usando dois ponto: para $V_{GS} = 0$, temos $I_D = 0$; e outro ponto qualquer como, por exemplo, para $V_P = -4$ V, onde obtemos $I_D = -(-4)/250 = 16$ mA. Do gráfico obtemos $I_D \approx 5{,}4$ mA e $V_{GS} \approx -1{,}3$ V, o que é perfeitamente aceitável quando comparado com os valores calculados através da solução da equação de segundo grau no Exemplo 2, $I_D = 5{,}36$ mA e $V_{GS} = -1{,}34$ V.

Devemos lembrar que os parâmetro do JFET possuem dispersão muito grande. Por exemplo, examinando o *datasheet* do J111 (Figura 5.9) vemos que o valor de V_P varia entre um mínimo de $V_P = -3$ V até um máximo de $V_P = -10$ V, o que justifica plenamente a utilização do método gráfico para a obtenção de uma solução aproximada.

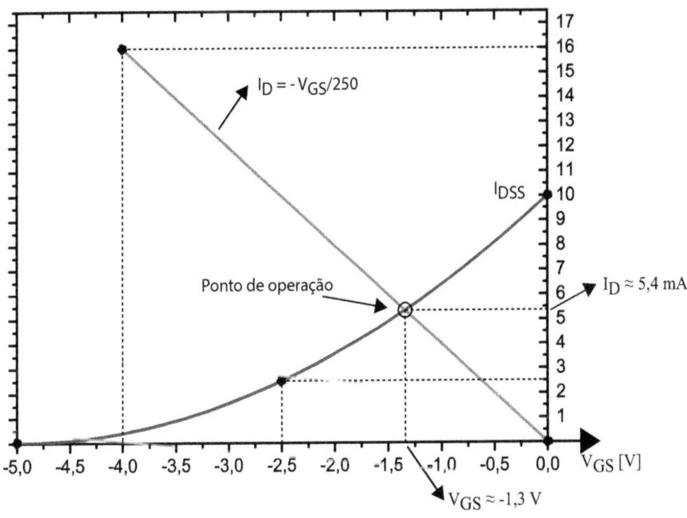

Fig. 5.18: Cálculo do ponto de polarização do circuito da Figura 5.16, usando o método gráfico.

Exemplo 5.4

Um dispositivo muito interessante, fabricado a partir de um transistor FET, é o chamado (de forma bastante inadequada) de "diodo de corrente constante". Evidentemente não existe tal dispositivo (um diodo que forneça corrente constante), porém esse é o nome comercial do dispositivo, cujo símbolo é apresentado na Figura 5.19.

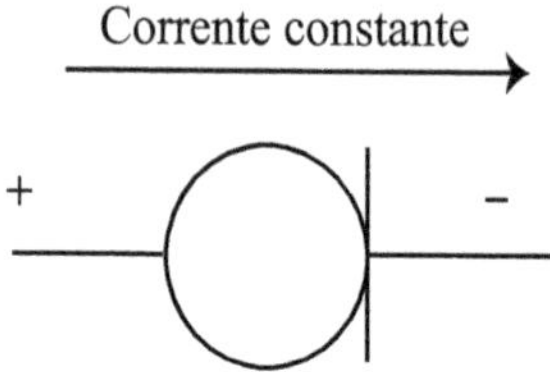

Fig. 5.19: Símbolo do chamado "diodo de corrente constante".

Esse componente é, na verdade, um transistor JFET encapsulado junto com um resistor, que é ajustado durante o processo de produção. O diagrama elétrico do diodo de corrente constante é apresentado na Figura 5.20.

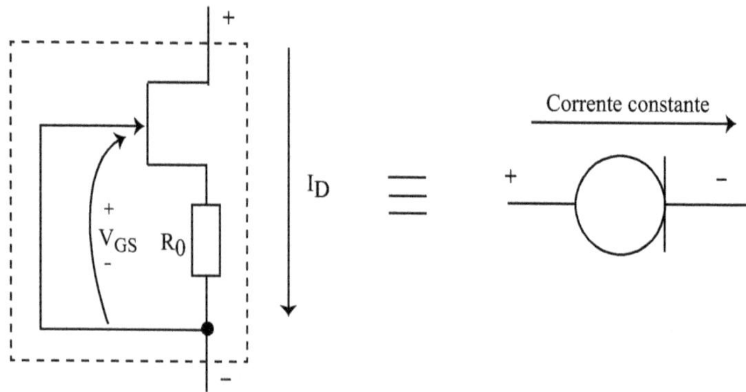

Fig. 5.20: Esquema elétrico do diodo de corrente constante.

A análise do circuito do "diodo de corrente constante" é

bastante simples. A pergunta que precisamos responder é: qual a maior corrente que pode passar no dispositivo? Como não circula corrente pelo gate, a corrente que passa no JFET (canal N no exemplo) é a mesma que circula no resistor R_0. A corrente que passa no resistor R_0 define a tensão V_{GS} do transistor.

Como só existe uma corrente I_D para um determinado V_{GS}, ao polarizar "diretamente" o diodo, a corrente que irá circular no dispositivo deve seguir a equação do JFET na região de saturação (Eq 5.2), com V_{GS} dado por $V_{GS} = -R_0 I_D$. Dessa forma, para produzir um dispositivo que forneça uma corrente bem conhecida, basta polarizar o dispositivo e ajustar o valor de R_0 até que a corrente medida nos terminais externos do dispositivo seja a corrente desejada.

5.7 Exercícios do Capítulo 5

5.1 - Desenhe um corte transversal de um transistor JFET canal N, mostrando o formato das regiões de depleção em duas situações: (a) com todas as tensões iguais a zero; (b) com os terminais de source e de gate aterrados e o terminal de dreno com uma tensão pequena, de forma que não ocorra o *pinch-off*.

5.2 - Para um JFET canal N, trace uma curva (de forma qualitativa), com $V_S = V_G = 0$, da corrente I_D em função de V_{DS}, desde $V_{DS} = 0$ até valores de V_{DS} bem maiores do que a que tensão onde ocorre o *pinch-off*.

5.3 - Trace, também de forma qualitativa, as curvas da corrente I_D em função de V_{DS}, para V_{GS} diminuindo de $V_{GS} = 0$ até $V_{GS} = V_P$ (onde V_P é um valor negativo).

5.4 - Para um transistor JFET canal N que possui $I_{DSS} = 10$ mA e $V_P = -4$ V, calcule o valor da corrente I_D para $V_{GS} = -2$ V e $V_{DS} = 1$ V. Use a equação adequada (verifique se o transistor está na região de triodo ou na região de saturação).

5.5 - Qual a corrente máxima que passa em um transistor JFET canal P, se ele possui $I_{DSS} = -15$ mA.

5.6 - O que acontece com um JFET de aplicarmos uma polarização direta (porém bem baixa, como por exemplo 200 mV) na região entre gate e source (V_{GS}). O transistor para de funcionar?

5.7 - Trace a curva de I_Dx$\mathrm{V_{GS}}$ para um JFET canal P operando na região de saturação, se o JFET possui $I_{DSS} = -20$ mA e $V_P = 5$ V.

5.8 - Se o transistor do exercício anterior estiver polarizado com $V_{DS} = -15$ V e $V_{GS} = 2$ V, calcule a corrente I_D no JFET, usando a equação que descreve o seu comportamento na região de saturação.

5.9 - Use a curva traçada no Exercício 5.7, obtenha do gráfico a corrente I_D para a mesma condição do Exercício 5.8 ($V_{GS} = 2$ V). Compare o resultado obtido com o método gráfico com o resultado obtido no Exercício 5.8.

5.10 - O transistor JFET canal N da Figura 5.21 possui $I_{DSS} = 15$ mA e $V_P = -5$ V. Calcule o valor de I_D e V_{GS}. A partir desses valores calcule os valores de V_D e V_S.

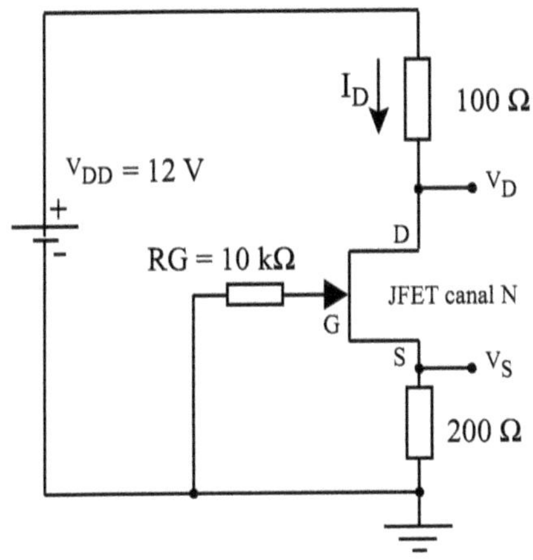

Fig. 5.21: Circuito com autopolarização de um JFET.

5.11 - O circuito da Figura 5.22 utiliza um divisor resistivo (R_1, R_2) para polarizar um JFET canal N que tem $I_{DSS} = 10$ mA e $V_P = -3$ V. Calcule todas as correntes e tensões no circuito.

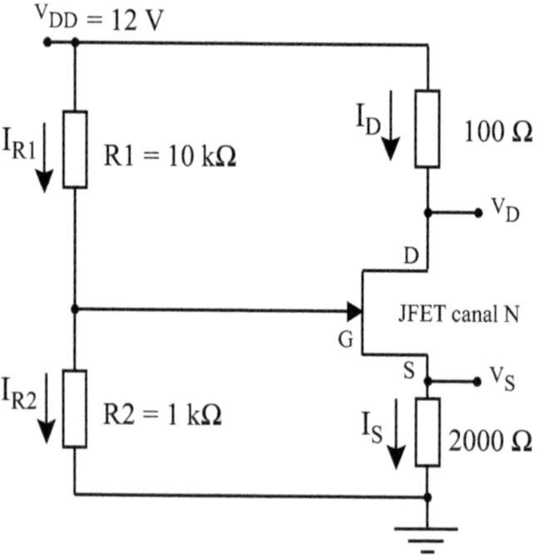

Fig. 5.22: Circuito de polarização de um JFET usando divisor resistivo.

Capítulo 6

O Transistor MOSFET

6.1 Estrutura do transistor MOSFET

O transistor de efeito de campo MOSFET ou simplesmente MOS (do inglês *Metal Oxide Semiconductor Field Effect Transistor*) é o transistor mais utilizado na microeletrônica, especialmente pelo fato de que praticamente todos os circuitos digitais (microprocessadores, microcontroladores, processadores de TV, videogames, celulares, etc.) são fabricados com transistores MOS.

O transistor MOS básico é formado por um pedaço de semicondutor tipo N ou tipo P (dependendo do modelo do MOS), com duas difusões formando duas junções PN, como apresentado na Figura 6.1.

A região entre as duas difusões, chamada de canal, formada pelo material do substrato onde as difusões são realiza-

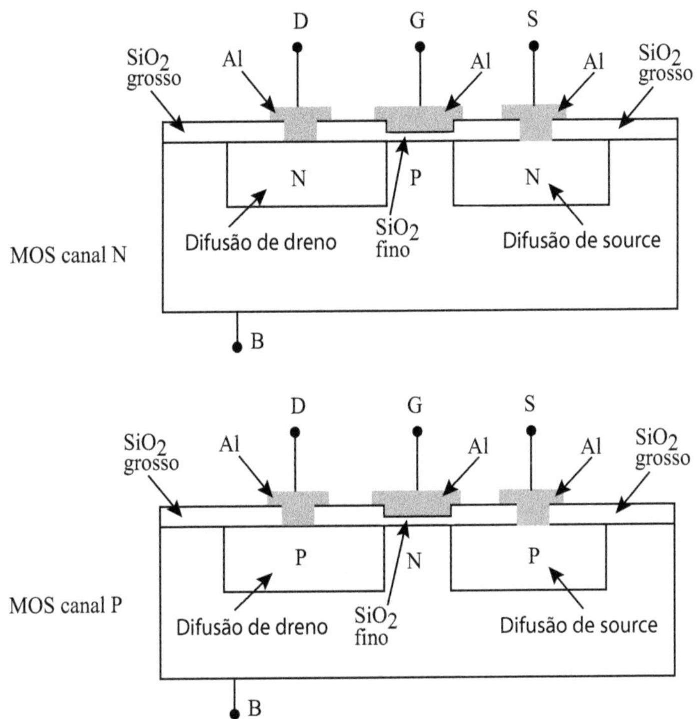

Fig. 6.1: Transistores MOS canal N e canal P.

das, é tipo P no transistor MOS canal N, e tipo N no transistor MOS canal P. Sobre a região do canal é crescida/depositada uma camada fina de óxido de silício (SiO_2), chamado de óxido de *gate*. Embora nos anos 80 a espessura de óxido fosse da ordem de 500 nm, os óxidos modernos são extremamente finos, da ordem de 1,2 nm, o que representa apenas algumas camadas atômicas de óxido.

Sobre esta camada de óxido de gate é depositada uma camada de metal (Al) ou de polisilício. Esta camada de metal (ou polisilício) forma um capacitor de placas paralelas com o silício do canal (que é o substrato), e o dielétrico deste capacitor é óxido de gate. A esse capacitor MOS damos o nome de Capacitor de Gate.

Os contatos ôhmicos que formam os terminais do transistor MOS, da mesma forma que no JFET, são chamados de Dreno (D), Source (S) e Gate (G).

Do mesmo modo como acontece com o JFET, alguns poucos autores Brasileiros usam a a sigla TECMOS (Transistor de Efeito de Campo Metal Óxido Semicondutor) para o transistor MOSFET, e traduzem os nomes dos terminais de source e de gate, chamando-os, respectivamente, de fonte (F) e porta (P), porém essa nomenclatura é raramente encontrada na literatura.

Os símbolos usados para os transistores MOS canal N e canal P são apresentados na Figura 6.2. O terminal do substrato (ou corpo), normalmente designado por B, do inglês *bulk*, é indicado com uma seta no centro do transistor, que tem a direção da junção PN formada entre o substrato (B) e as difusões de dreno (D) e source (S), como mostrado na Figura 6.2(a).

Em muitas aplicações o terminal do substrato é ligado ao terminal da source (alguns transistores são vendidos com esta conexão feitas internamente, dentro do encapsulamento). É normal representar estes transistores MOS que já têm o terminal do substrato ligado ao terminal da source com um símbolo semelhante ao do transistor bipolar, com uma seta saindo do terminal de source para o MOS canal N, e com uma seta entrando no terminal de source para o MOS canal P, como mostrado na Figura 6.2(b).

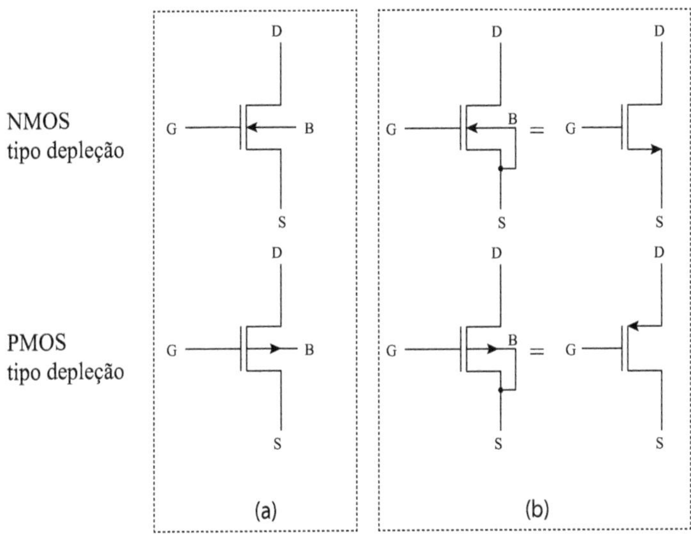

Fig. 6.2: Símbolos dos transistores MOS canal N e canal P: (a) símbolo tradicional, incluindo terminal do substrato; (b) símbolo simplificado, quando o terminal do substrato já está ligado ao terminal da source.

6.2 Princípio de funcionamento do transistor MOS

Vamos iniciar a análise do funcionamento do transistor MOS partindo de uma polarização onde o terminal do corpo (B) e o terminal de source (S) estão conectados e ligados ao terra. Vamos usar como exemplo um transistor NMOS, onde o corpo é tipo P e as difusões de dreno e source são tipo N. Como no JFET, os dois diodos que as difusões de dreno e source formam com o corpo não podem conduzir, ou seja, estão sempre com polarização nula ou reversa. Vamos começar o nosso estudo admitindo que o terminal de source (que está ligado ao terminal de substrato, ou seja, temos a junção source-substrato com polarização nula) está ligado ao terra.

Vamos iniciar com o terminal de gate ligado ao terra, de forma que a tensão no eletrodo de gate seja a mesma do substrato, não existindo campo elétrico dentro do óxido de gate (o capacitor de gate está com polarização nula). Se o terminal de dreno está com tensão zero (ligado ao terra), evidentemente não circula corrente em nenhum terminal do transistor, já que todas as tensões são nulas. Se mantivermos o terminal de gate aterrado e aumentarmos a tensão no dreno, a junção dreno-substrato fica sob polarização reversa, e continuamos com corrente nula em todo o dispositivo.

Voltemos à situação onde o terminal de dreno está aterrado, porém vamos aplicar uma tensão positiva ao terminal de gate, criando um campo elétrico no capacitor de gate, como indicado na Figura 6.3.

O campo elétrico faz com que as lacunas livres na região P próxima à superfície sejam repelidas para longe da superfície. Num primeiro instante, isso forma uma região com cargas negativas fixas (devido aos átomos doadores do substrato) e praticamente depletada de portadores, junto à superfície.

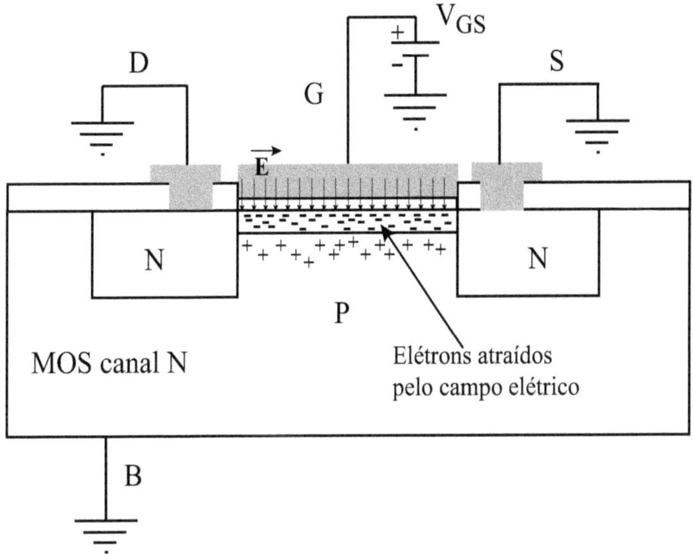

Fig. 6.3: Aplicando uma tensão positiva no terminal de gate, é criado um campo elétrico no capacitor de gate, com o sentido indicado.

O campo elétrico criado pela tensão positiva do gate atrai elétrons livres que são abundantes nas regiões N^+ do dreno e da source. Quando o número de elétrons atraídos e acumulados sob a região do gate for suficientemente grande, é induzida uma região tipo N sob a região do gate, devido a esses elétrons ali acumulados. Na Figura 6.4 vemos um diagrama de um transistor MOS com o canal sendo formado.

Esta região tipo N conecta as regiões de dreno e source, de forma que se aumentarmos ligeiramente a tensão do dreno, teremos uma corrente de elétrons circulando através da região

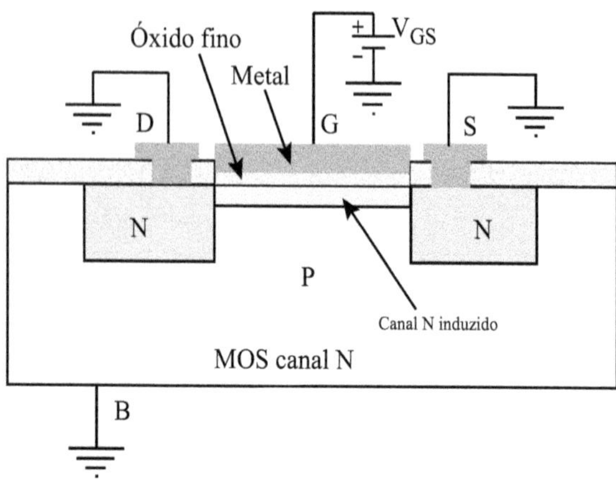

Fig. 6.4: Aplicando uma tensão positiva no terminal de gate, é induzido um canal tipo N sob a região do gate que conecta as duas regiões N difundidas.

do dreno (N), canal induzido (N) e source (N). A esta região N que é induzida sob a região do gate damos o nome de **canal**, já que efetivamente esta região forma um canal por onde circula a corrente entre dreno e source. Esta região do canal é também chamada de camada de inversão, já que é resultado de uma inversão da região do substrato (que é tipo P num transistor NMOS) e se transforma em tipo N, com a indução do canal N.

O valor da tensão V_{GS} que faz com que o número de elétrons acumulados junto à superfície seja suficiente para formar o canal é denominada **tensão de limiar** (ou de *threshold*) e é representada por V_T.

Para um transistor com canal N (NMOS) o valor de V_T

é positivo, enquanto que para um transistor com canal P (PMOS), o valor de V_T é negativo. O valor de V_T e definido durante o processo de fabricação, e pode variar tipicamente de algumas centenas de mV (400 mV) até alguns Volts (6 V).

6.2.1 Aplicando pequenos valores de V_{DS}

Após termos aplicado um valor de $V_{GS} > V_T$ e termos o canal formado, vamos aplicar uma tensão V_{DS} pequena (da ordem de algumas dezenas de mV), como mostrado na Figura 6.5. A diferença de tensão entre os terminais de dreno e fonte faz com que uma corrente de elétrons flua pelo canal, indo do terminal de source para o terminal de dreno.

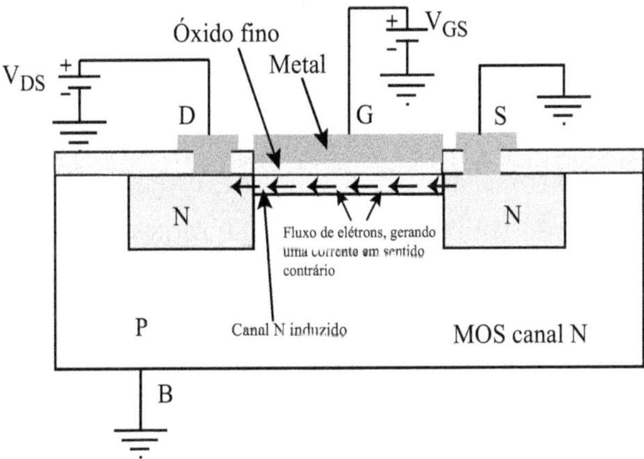

Fig. 6.5: Transistor MOS com tensão $V_{GS} > V_T$ (garantindo a formação do canal), e uma tensão V_{DS} forçando um fluxo de corrente através da região N do canal, entre dreno e source.

A resistência do canal depende da quantidade de elétrons

que se acumularam sob o terminal de gate, sendo que esta quantidade de elétrons depende de quão maior é a tensão V_{GS}, lembrando que somente para valores de $V_{GS} > V_T$ o canal é formado. A resistência do canal é, portanto, inversamente proporcional ao valor de $(V_{GS} - V_T)$, ou seja, o valor da corrente I_D é proporcional ao valor de $(V_{GS} - V_T)$. Como o valor de I_D é também proporcional ao valor de V_{DS}, concluímos que, para pequenos valores de V_{DS} e $V_{GS} > V_T$, a corrente I_D é proporcional tanto a V_{DS} como a $(V_{GS} - V_T)$.

Na Figura 6.6 vemos um gráfico da corrente de dreno I_{DS} em função de V_{DS}. Como podemos observar, para pequenos valores de V_{DS} e um valor fixo de V_{GS}, o aumento de I_{DS} é linear com o aumento de V_{DS}, ou seja, opera como uma resistência cujo valor é controlado por V_{GS}.

Como é necessário que o canal fique mais rico em portadores livres (elétrons no transistor NMOS e lacunas no transistor PMOS) para o transistor MOS conduzir, este tipo de transistor é chamado de transistor MOS tipo enriquecimento.

Se, durante o processo de fabricação de um transistor NMOS, uma pequena quantidade de cargas negativas for introduzida por implantação iônica, na região do canal, um pequeno canal fica pré-formado, fazendo com que o transistor já esteja no estado de condução sem que haja necessidade de aplicar uma tensão V_{GS}.

Na realidade, nesse tipo de transistor, é necessário aplicar uma tensão $V_{GS} < 0$ para que o transistor pare de conduzir. A esse tipo de transistor damos o nome de transistor MOS tipo

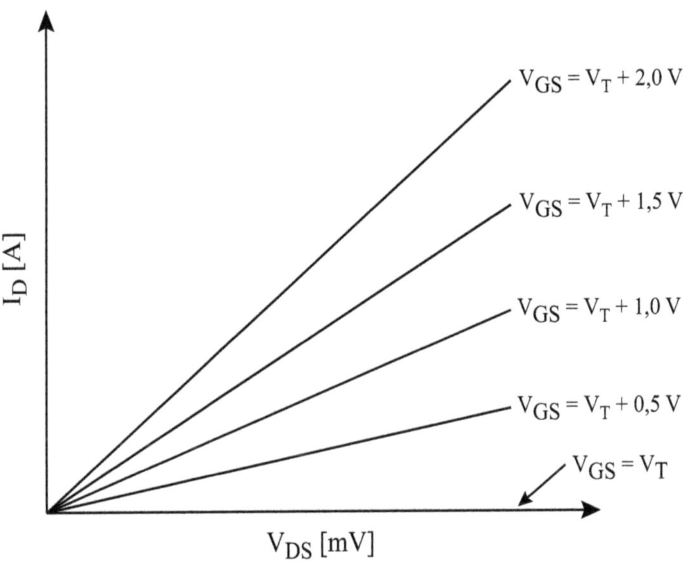

Fig. 6.6: Para pequenos valores de V_{DS}, o transistor opera como uma resistência cujo valor é controlado por V_{GS}.

depleção. Embora este tipo de transistor tenha sido usado nos anos 70 em CIs de lógica digital, eles praticamente não existem mais.

Finalmente, devemos observar que toda a corrente gerada no terminal de source sai pelo terminal do dreno, fazendo com que a corrente de gate seja nula, $I_G = 0$.

6.2.2 Operação com o aumento dos valores de V_{DS}

Vamos agora estudar a operação do transistor quando os valores de V_{DS} são maiores. Para esse estudo vamos manter o valor de V_{GS} constante, com a condição de que o canal já esteja formado, ou seja, $V_{GS} > V_T$. Vamos tomar por base o transistor apresentado na Figura 6.7. Se o dreno é polarizado com uma tensão constante de valor V_{DS}, o formato do canal (mais profundo do lado da source e menos profundo do lado do dreno) é facilmente entendido, dado que, para um valor fixo de V_{GS}, a tensão efetiva aplicada entre o gate e o canal varia fortemente ao longo do canal.

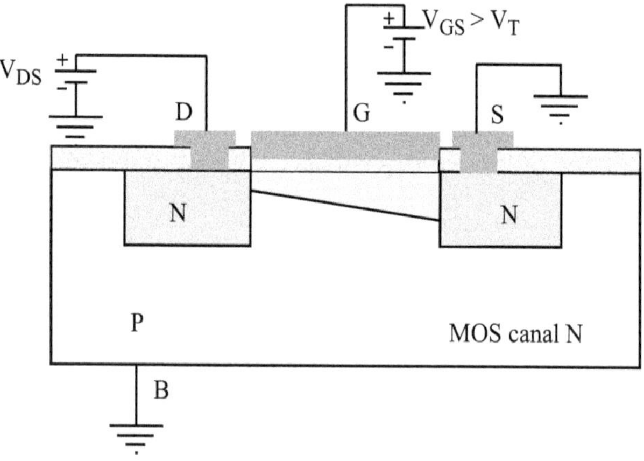

Fig. 6.7: Transistor MOS operando com V_{DS} alto.

No terminal de source, onde o canal está com potencial zero, a tensão entre o eletrodo de gate e o canal é exatamente V_{GS}. Por outro lado, no terminal do dreno, onde a tensão no canal é igual V_{DS}, a tensão efetiva entre o eletrodo de gate e o canal é bem menor, já que o terminal de dreno está num potencial V_{DS} acima do zero, ou seja, a tensão efetiva entre o eletrodo de gate e o canal é $(V_{GS} - V_{DS})$.

O canal, que apresenta um estreitamento na direção da source para o dreno, faz com que a sua resistividade varie, conforme o formato do canal. Conforme aumentamos os valores de V_{DS}, o canal fica cada vez mais estreito junto ao terminal do dreno, já que a tensão efetiva aplicada entre o eletrodo de gate e o canal é $(V_{GS} - V_{DS})$. Esse estreitamento do canal, que ocorre com o aumento de V_{DS}, faz com que a sua resistividade aumente conforme aumentamos V_{DS}.

O aumento da resistividade do canal para valores maiores de V_{DS} faz com que a curva da corrente de dreno I_D em função de V_{DS} apresente uma mudança de inclinação (a derivada dI_D/dV_{DS} diminui com o aumento de V_{DS}), e não seja mais linear, como na Figura 6.6), onde mostramos pequenos valores de V_{DS}.

Na Figura 6.8 vemos um gráfico da corrente de dreno I_{DS} em função de V_{DS} onde fica claro que derivada dI_D/dV_{DS} diminui com o aumento de V_{DS}, devido ao aumento da resistividade do canal.

Finalmente, vamos analisar a situação de polarização do transistor quando, para um valor de V_{GS} constante (com $V_{GS} > V_T$, ou seja, com o canal formado), o valor de V_{DS} é aumentado até o ponto onde o canal é pinçado junto ao terminal do dreno, já que o canal (que tem forma trapezoidal), vai se estreitando com o aumento de V_{DS}, conforme a ilustração apresentada na Figura 6.9.

Depois que ocorre o pinçamento do canal ($V_{DS} = V_{GS} - V_T$), o aumento de V_{DS} não tem praticamente nenhum efeito

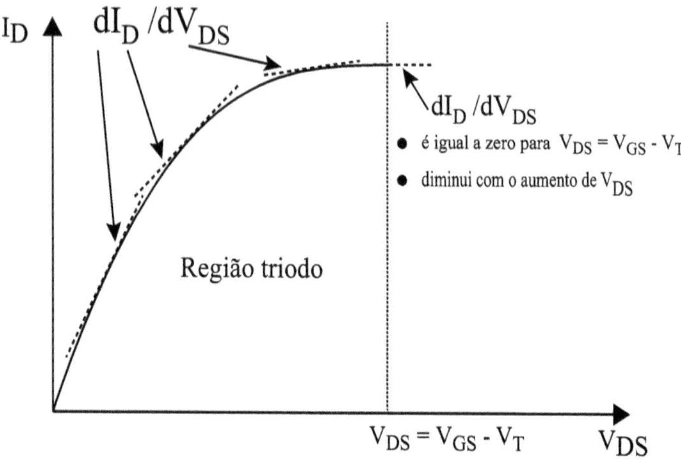

Fig. 6.8: O aumento da resistividade do canal para valores maiores de V_{DS} faz com que a curva da corrente de dreno I_{DS} apresente uma mudança de inclinação.

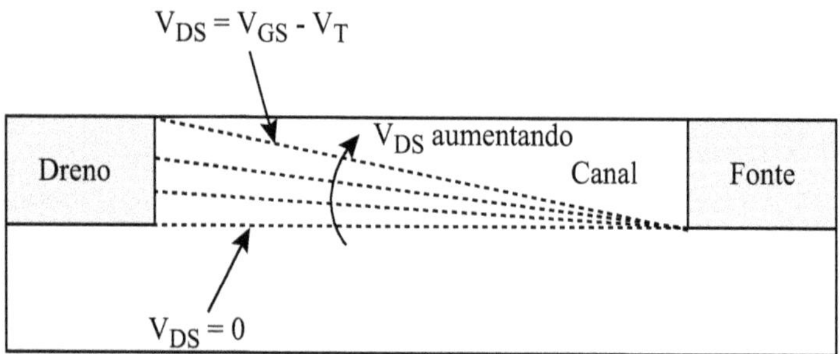

Fig. 6.9: O canal possui um formato trapezoidal, e quando $V_{DS} = V_{GS} - V_T$, o canal é pinçado junto ao terminal do dreno.

sobre o valor de I_D. Na realidade, para $V_{DS} > V_{GS} - V_T$, o ponto de pinçamento do canal caminha em direção ao terminal de source, fazendo com que a resistência do canal diminua ligeiramente, o que aumenta ligeiramente o valor de I_D. Na Figura 6.10 vemos como o ponto de pinçamento do canal se aproxima do terminal de source à medida que o valor de V_{DS} aumenta, para valores $V_{DS} > V_{GS} - V_T$.

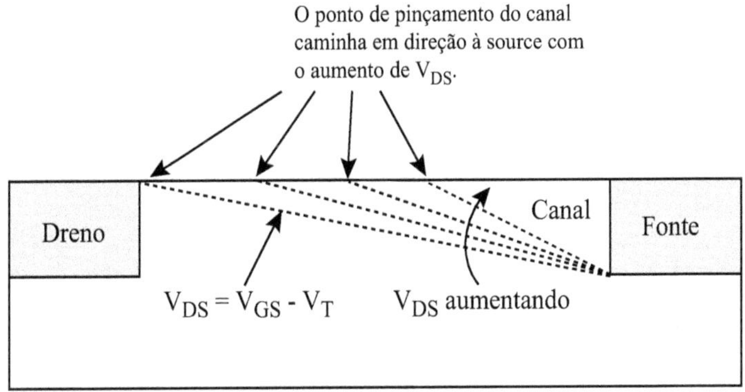

Fig. 6.10: Após o pinçamento do canal, o ponto de pinçamento caminha em direção ao terminal da source ao aumentamos o valor de V_{DS}.

A esse efeito damos o nome de **modulação do canal**. Na Figura 6.11 vemos um gráfico completo de I_D em função de V_{DS}, mostrando: a região linear (para valores baixos de V_{DS}), a região não-linear (valores de V_{DS} maiores, porém $V_{DS} \leq V_{GS} - V_T$) e a região onde o canal já está pinçado e o efeito de modulação do canal faz com que I_D aumente ligeiramente com o aumento de V_{DS}.

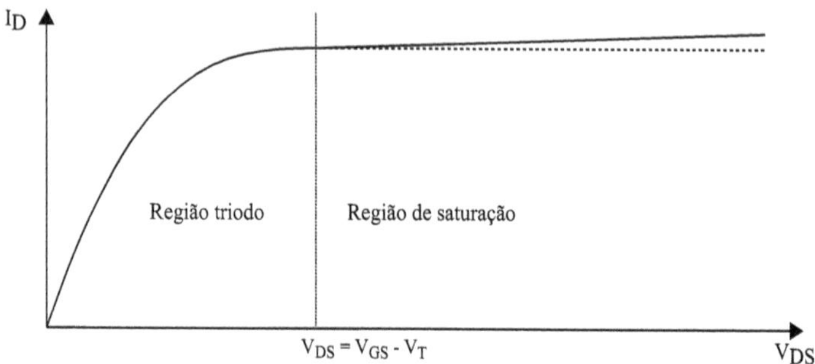

Fig. 6.11: Gráfico de I_D em função de V_{DS}, mostrando a região triodo ($V_{DS} < V_{GS} - V_T$) e a região de saturação, onde I_D é praticamente constante (aumenta apenas ligeiramente com V_{DS}, devido ao efeito de modulação de base).

6.2.3 Determinando as relações entre a corrente I_D e as tensões V_{GS} e V_{DS}.

A partir dos princípios físicos já apresentados, vamos desenvolver as expressões que descrevem o comportamento da corrente I_D em função das tensões V_{GS} e V_{DS}, tanto na região triodo como na região de saturação.

Vamos iniciar com uma análise simples do capacitor de gate. Como apresentamos anteriormente, o eletrodo de gate, o óxido fino de gate e o substrato formam um capacitor. Se a capacitância por unidade de área deste capacitor for C_{ox} e a espessura do óxido fino sob o gate for dada por t_{ox}, podemos escrever a capacitância por unidade de área como:

$$C_{ox} = \frac{\epsilon_{ox}}{t_{ox}} \tag{6.1}$$

onde ϵ_{ox} é a permissividade do óxido de silício.

O valor de ϵ_{ox} é igual a $\epsilon_{ox} = 3{,}9\text{x}8{,}854\text{x}10^{-12}$, logo $C_{ox} \approx 3{,}4510^{-12}$ F/m.

A espessura do óxido depende do processo de fabricação e, para um processo de fabricação de transistores MOS digitais, onde $t_{ox} = 5$ nm, teremos uma capacitância por unidade de área dada por:

$$C_{ox} = \frac{\epsilon_{ox}}{t_{ox}} = \frac{3{,}45\text{x}10^{-12}}{5\text{x}10^{-9}} = 690\text{x}10^{-6}\,\text{F/m}^2$$

É interessante notar que, para fabricarmos um capacitor de 100 pF, é necessária uma estrutura de capacitor MOS com área de $A = 0{,}15\text{x}10^{-6}\,\text{m}^2 = 150\text{x}10^3\,\mu\text{m}^2$. Isso resulta em um capacitor de enormes dimensões, um quadrado de aproximadamente $387\,\text{x}\,387\,\mu\text{m}^2$. Apenas como comparação, lembramos que nesta mesma área é possível fabricar mais de 10.000 transistores em um processo avançado de fabricação de circuitos digitais MOS.

Vamos iniciar a nossa análise com a operação na região triodo, partindo da situação onde aplicamos um valor de V_{GS} constante, com o canal já formado ($V_{GS} > V_T$). Aplicando-se uma tensão V_{DS} que não resulte no pinçamento do canal, podemos representar a região do canal sob o terminal do gate com o desenho apresentado na Figura 6.12.

Vamos analisar um ponto dentro do canal, situado a uma distância x_0 do início da difusão de source. Vamos considerar uma porção infinitesimal do canal de dimensão dx, de forma

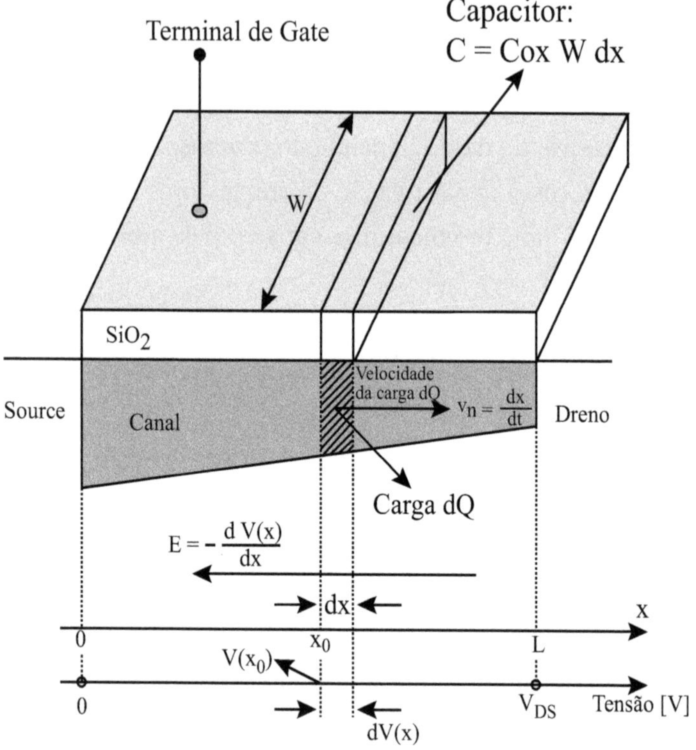

Fig. 6.12: Representação tri-dimensional da região do canal, para o transistor na região triodo.

que a capacitância neste trecho infinitesimal de canal é dado por

$$dC = C_{ox} W dx \tag{6.2}$$

Vamos agora calcular o valor da carga elétrica neste trecho de canal. Lembrando que

$$Q = CV \tag{6.3}$$

basta conhecermos a tensão entre o terminal de gate e o canal no ponto $x = x_0$, para calcular o valor da carga dQ. A tensão efetiva que induz o canal no ponto x_0 é dada por $[V_{GS} - V(x_0) - V_t]$, onde $V(x_0)$ é a tensão no canal no ponto x_0. Portanto, usando a Eq 6.2 e a Eq 6.3, concluímos que:

$$dQ = -C_{ox}W dx[V_{GS} - V(x_0) - V_t] \tag{6.4}$$

onde o sinal negativo foi incluído porque a carga no canal é constituída por elétrons, ou seja, a carga é negativa. Como a tensão V_{DS} cria um campo elétrico, com sentido do dreno para a source (no sentido contrário ao do eixo x), no ponto $x = x_0$, o campo elétrico pode ser escrito como:

$$E(x_0) = -\frac{dV(x_0)}{dx} \tag{6.5}$$

O campo elétrico $E(x)$ faz com que os elétrons que compõem a carga dQ se desloquem no sentido contrário ao do campo. Lembrando que, de acordo com a Eq 1.19, a velocidade com que esses elétrons se deslocam (dx/dt) é dada por:

$$v_n = \frac{dx}{dt} = -\mu_n E(x_0) \tag{6.6}$$

Substituindo o valor $E(x_0)$ dado pela Eq 6.5 na Eq 6.6 podemos escrever dx/dt como:

$$\frac{dx}{dt} = \mu_n \frac{dV(x_0)}{dx} \tag{6.7}$$

A corrente devido ao deslocamento desses elétrons (corrente de deriva) é

$$i = \frac{dQ}{dt} \tag{6.8}$$

ou fazendo uma manipulação matemática

$$i = \frac{dQ}{dx}\frac{dx}{dt} \tag{6.9}$$

Da Eq 6.3 podemos obter

$$\frac{dQ}{dx} = -C_{ox}W[V_{GS} - V(x_0) - V_t] \tag{6.10}$$

Substituindo este valor de dQ/dx, calculado pela Eq 6.10, e o valor de dx/dt, obtido com a Eq 6.7, na Eq 6.9 ficamos com

$$i = [-C_{ox}W\left(V_{GS} - V(x_0) - V_t\right)]\left[\mu_n \frac{dV(x_0)}{dx}\right] \tag{6.11}$$

Essa corrente de elétrons foi calculada em um ponto específico (ponto x_0), mas evidentemente essa corrente tem que ser constante ao longo de todo o canal e, portanto, podemos escrever a corrente I_D (que tem sentido contrário à corrente de elétrons) como:

$$I_D = \mu_n C_{ox} W \left(V_{GS} - V(x) - V_t\right) \frac{dV(x)}{dx} \tag{6.12}$$

Rearranjando a Eq 6.12 temos:

$$I_D dx = \mu_n C_{ox} W \left(V_{GS} - V(x) - V_t\right) dV(x) \tag{6.13}$$

Integrando os dois lados da Eq 6.13 entre os pontos $x = 0$ e $x = L$ (onde L é o comprimento total do canal, da source até o dreno) o que corresponde, respectivamente, às tensões $v = 0$ e $v = V_{DS}$, vem que:

$$\int_0^L I_D dx = \int_0^{V_{DS}} \mu_n C_{ox} W \left(V_{GS} - V(x) - V_t\right) dV(x) \tag{6.14}$$

ou seja

$$I_D L = \mu_n C_{ox} W \left(V_{GS} - V_t - \frac{{V_{DS}}^2}{2}\right) \tag{6.15}$$

Separando a variável I_D ficamos com:

$$I_D = (\mu_n C_{ox}) \left(\frac{W}{L}\right) \left(V_{GS} - V_t - \frac{{V_{DS}}^2}{2}\right) \tag{6.16}$$

A Eq 6.16 fornece, portanto, a expressão da corrente de drenos I_D do transistor MOS **na região triodo** (que obviamente é igual à corrente de source, já que a corrente de gate é nula).

Para encontrarmos o valor da corrente de dreno I_D na região de saturação (que é exatamente a mesma corrente no ponto onde acaba a região de triodo, como vemos na Figura 6.11), basta substituir $V_{DS} = V_{GS} - V_T$ na Eq 6.16, o que resulta em:

$$I_D = \frac{\mu_n C_{ox}}{2} \frac{W}{L} (V_{GS} - V_t)^2 \tag{6.17}$$

A Eq 6.17 não considera o efeito de modulação do canal. A modulação do canal, que faz com que a corrente I_D aumente ligeiramente com o aumento de V_{DS}, é incorporada à Eq 6.17 através do fator λ (que é dado em V^{-1}). A equação completa (incluindo o efeito da modulação de canal) da corrente de dreno na região de saturação é:

$$I_D = \frac{\mu_n C_{ox}}{2} \frac{W}{L} (V_{GS} - V_t)^2 (1 + \lambda V_{DS}) \tag{6.18}$$

O produto $\mu_n C_{ox}/2$ é definido pelo processo de fabricação do dispositivo, e é constante para um determinado processo. Este produto é normalmente definido por uma constante K_n, e portanto podemos escrever a corrente I_D como:

$$I_D = K_n \frac{W}{L} (V_{GS} - V_t)^2 (1 + \lambda V_{DS}) \tag{6.19}$$

As dimensões do canal (comprimento L e da largura W) só podem ser alteradas no caso de projetos de circuitos integrados, onde o projetista pode determinar estas dimensões no *lay-out* do dispositivo. Para transistores discretos, onde os valores de W/L já estão fixos e determinados pelo fabricante do transistor, é normal definir uma nova constante K, que incorpora o valor de K_n e de W/L, de forma que $K = K_n W/L$, e a corrente I_D fica dada por:

$$I_D = K\,(V_{GS} - V_t)^2\,(1 + \lambda V_{DS}) \tag{6.20}$$

É importante observar que K possui dimensão de $\mathrm{A\,V^{-2}}$.

É interessante compararmos essa equação de I_D com a equação Eq 4.49 do Capítulo 4. onde definimos a tensão Early. Se compararmos as duas equações, vemos que o fator de modulação do canal λ pode ser visto com o inverso da tensão Early ($1/V_A$), sendo que vários autores usam no modelo do transistor MOS, no lugar de λ, uma "tensão Early" V_A.

6.3 Caracterização de um transistor MOS

Como vimos na secção anterior, o comportamento do transistor MOS fica totalmente definido através de três parâmetros, apresentados na Eq 6.20: K, V_t e λ.

6.3.1 Obtendo os valores de K e V_t

Os parâmetros K e V_t podem ser facilmente determinados através de medidas feitas com um circuito simples, apresentado na Figura 6.13. Neste circuito, variamos o valor de V_{GS}

(de forma a ter correntes I_D razoáveis no medidor de corrente, por exemplo 10% da corrente máxima do transistor), anotando, para três valores distintos de corrente I_D, os valores correspondentes de V_{GS}. Use valores baixos de V_D, para evitar a influência do efeito de modulação do canal.

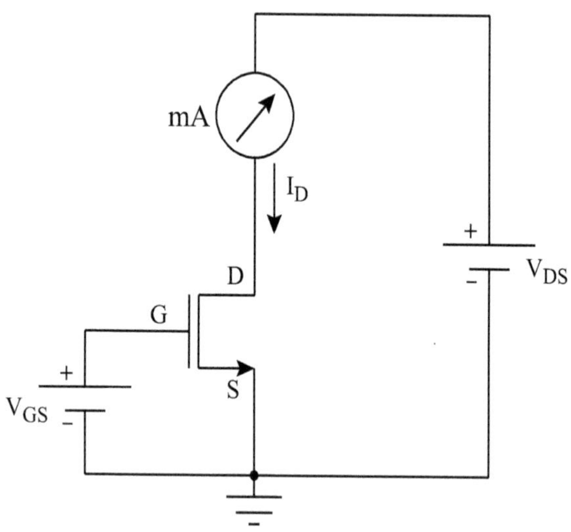

Fig. 6.13: Circuito para medida de K e V_t.

Em primeiro lugar vamos desconsiderar o efeito da modulação de canal, fazendo $\lambda = 0$ na Eq 6.20, o que nos deixa com a Eq 6.21.

$$I_D = K\left(V_{GS} - V_t\right)^2 \tag{6.21}$$

Em seguida, se aplicarmos raiz quadrada em ambos os lados da Eq 6.21 ficamos com:

$$\sqrt{I_D} = \sqrt{K}\,(V_{GS} - V_t) = \sqrt{K}V_{GS} - \sqrt{K}V_t \qquad (6.22)$$

A Eq 6.22 pode ser associada com uma equação de reta do tipo $y = ax + b$, onde: $y = \sqrt{I_D}$; $x = V_{GS}$; o coeficiente angular é $a = \sqrt{K}$; e o coeficiente linear é $b = -\sqrt{K}V_t$. Portanto, traçando um gráfico de $\sqrt{I_D}$ em função de V_{GS}, como indicado na Figura 6.14, traçamos a reta que passa pelos três pontos medidos (se isso não ocorrer é porque houve um erro nas medidas!) e observamos que, para $I_D = 0$ na Eq 6.22, temos $V_{GS} = V_t$.

Do mesmo gráfico, se calcularmos o coeficiente angular a, obtemos $\sqrt{K}$. Como o coeficiente linear b é $-\sqrt{K}V_t$, como já temos o valor de $\sqrt{K}$, calculamos V_t. Alternativamente, obtido V_t do gráfico, o valor de K pode ser obtido simplesmente pela substituição dos dados medidos na Eq 6.22.

6.3.2 Obtendo o valor de λ

Obtém-se o valor de λ usando o mesmo circuito da Figura 6.13. O procedimento é simples: para um valor de V_{GS} fixo ($V_{GS0} > V_t$, para que tenhamos um valor de I_D razoável, algo como 10% da corrente máxima do transistor), fazemos as medidas de I_D para dois valores distintos de V_{DS} (V_{DS1} e V_{DS2}), obtendo, dessa forma, dois pontos (I_{D1}, V_{GS0}) e (I_{D2}, V_{GS0}). Substituindo estes pontos na Eq 6.20, ficamos com o par de equações:

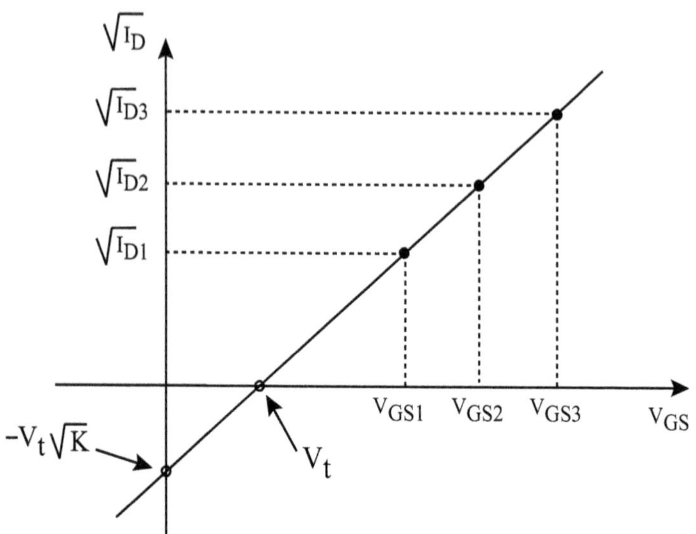

Fig. 6.14: Gráfico da medida de $\sqrt{I_D}$ em função de V_{GS}, sendo usado para obter K e V_t.

$$I_{D1} = K\left(V_{GS0} - V_t\right)^2\left(1 + \lambda V_{DS1}\right) \tag{6.23}$$

e

$$I_{D2} = K\left(V_{GS0} - V_t\right)^2\left(1 + \lambda V_{DS2}\right) \tag{6.24}$$

Dividindo a Eq 6.23 pela Eq 6.24 vem que:

$$\frac{I_{D1}}{I_{D2}} = \frac{1 + \lambda V_{DS1}}{1 + \lambda V_{DS2}} \tag{6.25}$$

Resolvendo a Eq 6.25, obtemos o valor de λ:

$$\lambda = \frac{I_{D1} - I_{D2}}{I_{D2}V_{DS1} - I_{D1}V_{DS2}} \quad (6.26)$$

6.4 Modelo para pequenos sinais do transistor MOS

O modelo para cálculo do comportamento do transistor MOS, quando excitado por sinais *ac* de pequena amplitude, é muito semelhante ao apresentado no Cap. 4 para o JFET. Vamos, inicialmente, desprezar o efeito de modulação do canal, fazendo $\lambda = 0$ na Eq 6.20 (que descreve a corrente I_D em função da tensão V_{GS} na região de saturação), o que resulta na Eq 6.27. A seguir, o procedimento a ser realizado é exatamente o mesmo feito anteriormente com o JFET: vamos derivar, em torno de um ponto de operação (I_{D0}, V_{GS0}), a Eq 6.27.

$$I_D = K\left(V_{GS} - V_t\right)^2 = K\left(V_{GS}{}^2 - 2V_{GS}V_t + V_t{}^2\right) \quad (6.27)$$

$$\frac{dI_D}{dV_{GS}} = K\left(2V_{GS} - 2V_t\right) \quad (6.28)$$

Essa derivada, que recebe o nome de transcondutância do MOS, designada pela mesma variável g_m, é normalmente apresentada como:

$$g_m = \left.\frac{dI_D}{dV_{GS}}\right|_{V_{GS}=V_{GS0}} = 2K\left(V_{GS0} - V_t\right) \tag{6.29}$$

Com isso, a transcondutância do MOS pode ser calculada quando a tensão V_{GS0} é conhecida.

Neste ponto é importante comparar numericamente, como fizemos anteriormente para o JFET, o valor de g_m para um transistor bipolar, que sabidamente apresenta valores altos de g_m, e para um transistor MOS, quando polarizados com a mesma corrente. Vamos supor que a corrente que circula nos transistores é de 800 mA. Para o transistor bipolar temos que usar a Eq 4.53 do Capítulo 3, e obtemos, para $V_T = 25$ mV:

$$g_m = \frac{I_{C0}}{V_T} = \frac{800\text{mA}}{25\,\text{mV}} = 32\,\text{A}\,\text{V}^{-1}.$$

No caso do MOS, vamos usar a Eq 6.29, tomando como exemplo o transistor MOS VN2222 (parte do *datasheet* é apresentado na Figura 6.15), onde temos $V_t \approx 2{,}5$ V e $K \approx 0{,}04\text{A}/\text{V}^2$. Calculamos g_m como:

$$g_m = 2K\left(V_{GS0} - V_t\right) = 2\,0{,}04\,(7 - 2{,}5) = 0{,}36\,\text{A}\,\text{V}^{-1}$$

Concluímos, portanto, que nesse valor de corrente de polarização, a transcondutância do transistor MOS é cerca de 90 vezes menor do que a transcondutância de um transistor bipolar.

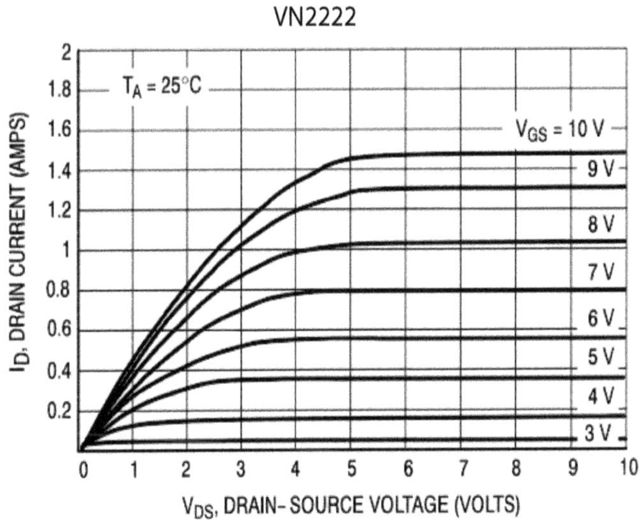

Fig. 6.15: Parte do *datasheet* do transistor MOS VN2222 mostrando as curvas de I_D em função de V_{DS}.

Finalmente, de forma exatamente análoga ao que fizemos no transistor bipolar, sabemos que independente do fato de não variarmos a tensão v_{gs}, se a tensão v_{ds} variar, teremos uma variação na corrente i_{ds}. Lembrando que o fator de modulação de canal λ pode ser comparada ao inverso da tensão Early, essa variação de corrente pode ser representada no modelo de pequenos sinais como uma resistência de saída r_o dada por:

$$r_o = \frac{V_A}{I_{D0}} = \frac{1}{\lambda I_{D0}} \tag{6.30}$$

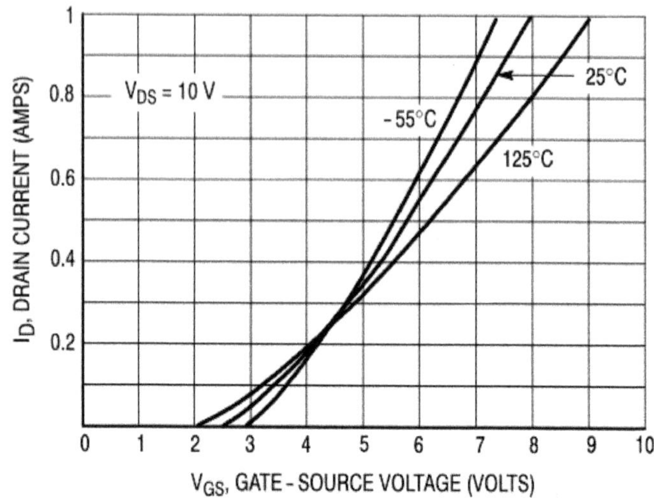

Fig. 6.16: Parte do *datasheet* do transistor MOS VN2222 mostrando as curvas de I_D em função de V_{GS}.

Como a corrente de gate no transistor MOS é nula, o modelo completo para pequenos sinais fica dado como apresentado na Figura 6.17.

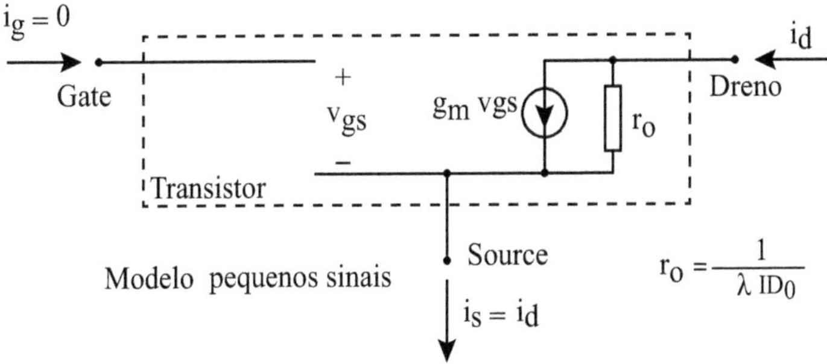

Fig. 6.17: Modelo de pequenos sinais do transistor MOS, onde vemos que os terminais de gate e source não possuem nenhuma impedância entre eles.

6.5 Circuitos com transistores MOS

A exemplo do que acontece com o transistor JFET, os valores das tensões e correntes em circuitos com transistores MOS são mais fáceis de serem calculados do que em circuitos com transistores bipolares, já que a corrente de gate é nula.

Exemplo 6.1 No circuito da Figura 6.18 vemos um exemplo simples de um circuito com um transistor MOS, que pode ser solucionado de forma imediata, usando diretamente a Eq 6.21.

Nesse circuito, como a corrente de gate é nula, o cálculo da tensão V_G é imediato, sendo V_G definida apenas pelo divisor resistivo $R_1 - R_2$. Portanto

$$V_G = V_{DD}\left(\frac{R_2}{R_1 + R_2}\right) = 10\left(\frac{10\,k\Omega}{10\,k\Omega + 10\,k\Omega}\right) = 5\,\mathrm{V}.$$

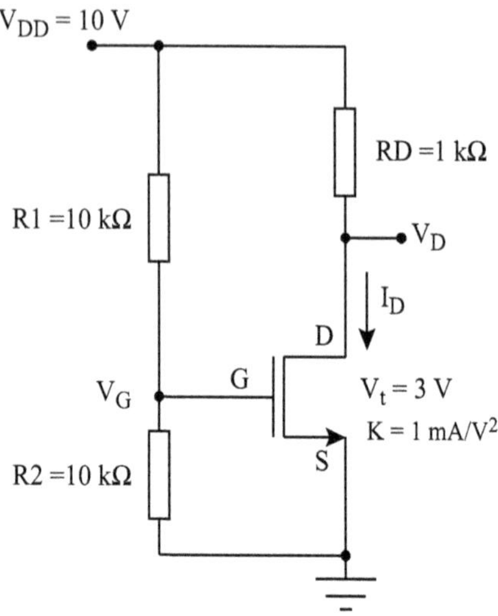

Fig. 6.18: Circuito simples com transistor MOS, com source aterrada.

Como o valor de V_G é exatamente o valor de V_{GS}, podemos calcular o valor de I_D simplesmente usando a Eq 6.21:

$$I_D = K\left(V_{GS} - V_t\right)^2 = 1\text{x}10^{-3}\left(5-3\right)^2 = 4\,\text{mA}$$

O valor da tensão V_D é simplesmente $V_D = V_{DD} - R_D I_D = 10 - 10000{,}004 = 6$ V.

Exemplo 6.2 No circuito da Figura 6.19 temos um circuito com um transistor MOS com resistor de source.

A tensão no gate, como no exemplo anterior, é definida pelo divisor resistivo $R_1 - R_2$ e podemos escrever que

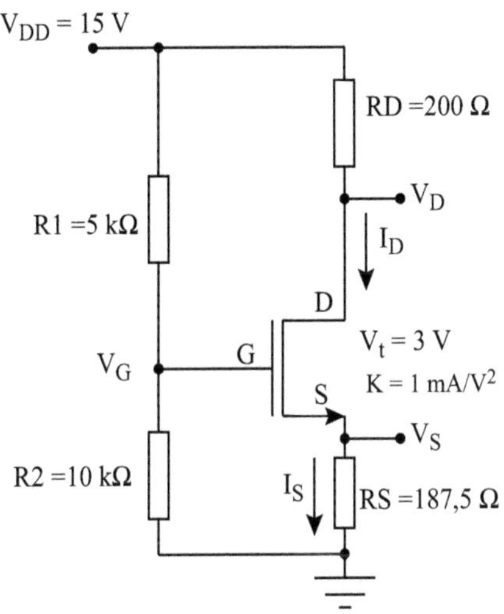

Fig. 6.19: Circuito com transistor MOS, com source degenerada com um resistor R_S.

$$V_G = V_{DD}\left(\frac{R_2}{R_1 + R_2}\right) = 15\left(\frac{10\,k\Omega}{5\,k\Omega + 10\,k\Omega}\right) = 10\,\text{V}.$$

Para este circuito, vamos equacionar a malha formada pela tensão V_{GS} e pela queda de tensao sobre o resistor de source R_S, lembrando que a corrente de source, que passa em R_S, é a igual à corrente de dreno. Logo,

$$V_G = V_{GS} + R_S I_D$$

A corrente de dreno é dada pela Eq 6.21 e, portanto, podemos escrever:

$$V_G = V_{GS} + R_S \left(K \left(V_{GS} - V_t \right)^2 \right)$$

Desenvolvendo a expressão ficamos com

$$V_G = V_{GS} + R_S K \left({V_{GS}}^2 - 2 V_{GS} V_t + V_t^2 \right)$$

$$(R_S K) {V_{GS}}^2 - (R_S K 2 V_t - 1) V_{GS} + R_S K V_t^2 - V_G = 0$$

Substituindo o valor de $V_G = 10V$ e os valores de R_S,V_t,K dados no circuito, resolvendo a equação de segundo grau obtemos dois valores: $V_{GS} = 7$ V e $V_{GS} = -6{,}33$ V. Evidentemente o valor de $V_{GS} < 0$ não faz sentido físico no circuito, e a solução é $V_{GS} - 7$ V. A seguir, basta substituir na Eq 6.21 este valor de V_{GS} que obtemos $I_D = 16$ mA. Finalmente, os valores de V_D e V_S são facilmente calculados já que $V_D = V_{DD} - R_D I_D = 15 - 16\,\text{mA}200\,\Omega = 11{,}8$ V, e $V_S = V_G - V_{GS} = 10 - 7 = 3$ V.

Outra forma de solução seria escrever a malha formada pela tensão V_{GS} e pela queda de tensão sobre o resistor de source R_S em função de I_D.

$$V_G = V_{GS} + R_S I_D$$

Para implementar a solução em função de I_D, em primeiro lugar isolamos V_{GS} na Eq 6.21 e ficamos com

$$V_{GS} = \sqrt{\frac{I_D}{K}} + V_t$$

Substituindo este valor de V_{GS} na expressão de V_G acima ficamos com

$$V_G = \sqrt{\frac{I_D}{K}} + V_t + R_S I_D$$

Ficamos portanto, com uma equação de segundo grau em I_D, que obviamente leva à mesma solução encontrada anteriormente.

Como no caso do JFET, é possível obter uma solução aproximada através de um método gráfico. Na Figura 6.20 temos tanto a curva de I_D em função de V_{GS} para o transistor MOS como a reta resultante da equação

$$V_G = V_{GS} + R_S I_D$$

onde escrevemos I_D em função de V_{GS}:

$$I_D = -\frac{1}{R_S} V_{GS} + \frac{V_G}{R_S}$$

Como vemos no gráfico, a intersecção das duas curvas resulta na solução encontrada analiticamente, $V_{GS} = 7$ V e $I_D = 16$ mA.

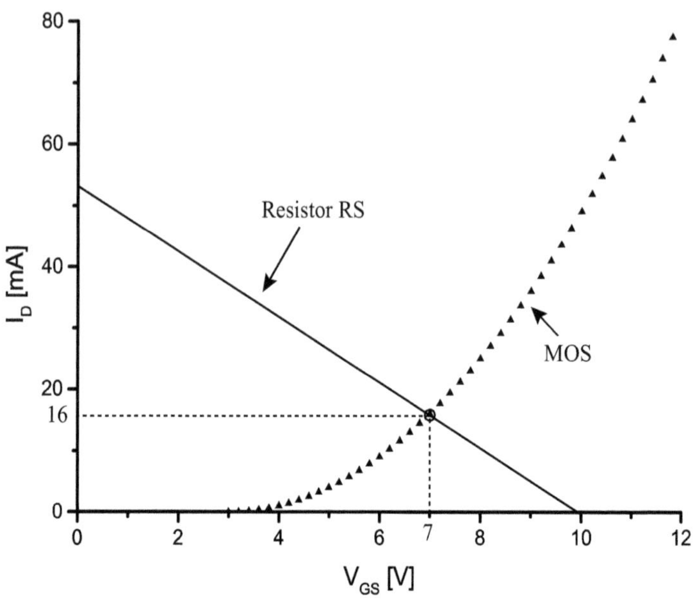

Fig. 6.20: Solução gráfica do circuito da Figura 6.19.

6.6 Exercícios do Capítulo 6

6.1 - Desenhe um corte de um transistor NMOS (MOS canal N) e explique a formação do canal.

6.2 - Repita o exercício anterior para um transistor PMOS (MOS canal P).

6.3 - Trace, de forma qualitativa, para um transistor MOS canal N, a curva de I_D em função de V_{DS}, para a região triodo, e explique o formato da curva.

6.4 - Trace, de forma qualitativa, para um transistor MOS canal N, a curva de I_D em função de V_{DS}, para a região de saturação, e explique o formato da curva. Leve em consideração o fenômeno de modulação do canal e explique porque essa modulação ocorre.

6.5 - O transistor NMOS do circuito da Figura 6.21 possui $V_t = 4$ V e $K = 2\text{mA}\,\text{V}^{-2}$. Calcule o valor da corrente de dreno I_D, da tensão V_D e da tensão V_{GS}.

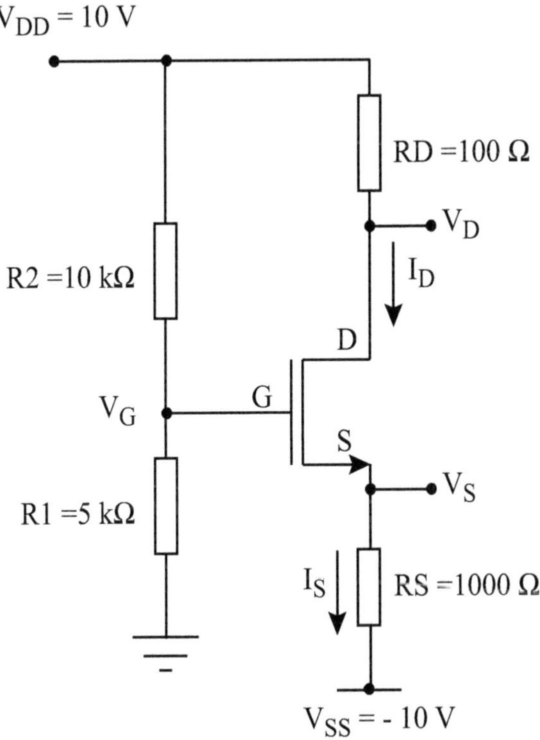

Fig. 6.21: Circuito com transistor NMOS.

6.6 - Calcule todas as tensões e correntes do circuito da

Figura 6.22, onde o transistor PMOS possui $V_t = -1{,}5$ V e $K = 0{,}8\text{mA}\,\text{V}^{-2}$.

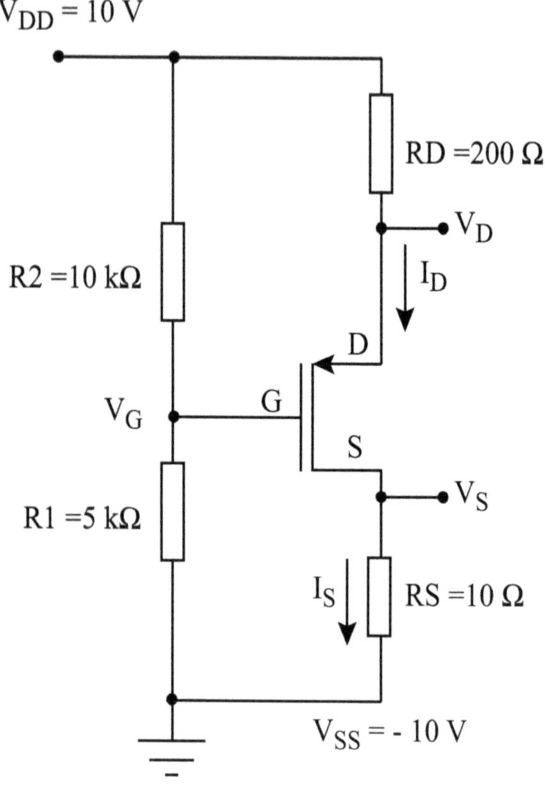

Fig. 6.22: Circuito com transistor PMOS.

6.7 - Um transistor NMOS foi medido na região de saturação e foram obtidas as seguintes medidas:

Usando esses dados, faça um gráfico de $\sqrt(I_D)$xV_{GS} e obtenha desse gráfico os valores de K e V_t.

6.8 - Um transistor NMOS foi medido na região de satura-

Tab. 6.1: Valores medidos de I_D em função de V_{GS} .

I_D [mA]	V_{GS} [V]
8	4
32	6
72	8

ção, com um valor de V_{GS} constante, e obtivemos o seguinte par de valores (I_D, V_{DS}): (10mA, 2V e (12mA, 40V. Calcule o valor do fator de modulação de canal λ usando esses valores.

6.9 - Um transistor MOS possui $V_t = 2$ V e $K = 5\text{mA V}^{-2}$. Se o valor do fator de modulação de canal é $\lambda = 0{,}02\,\text{V}^{-1}$, calcule os parâmetros do modelo de pequenos sinais e desenhe o circuito equivalente.

6.10 - Os transistores NMOS do circuito da Figura 6.23 são todos iguais e possuem $V_t = 1{,}2$ V e $K = 1\text{mA V}^{-2}$. Calcule todas as tensões e correntes no circuito.

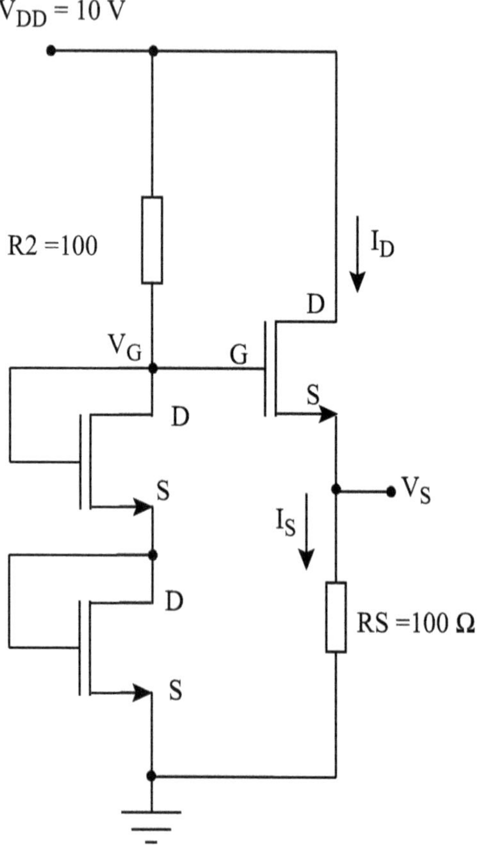

Fig. 6.23: Circuito com transistor NMOS.

Capítulo 7

Dispositivos Optoeletrônicos

Os dispositivos optoeletrônicos fazem uso, simultaneamente, dos elétrons e dos fótons como os veículos de transmissão de sinal ou de informação. Podemos dividir os dispositivos optoeletrônicos em basicamente duas categorias: emissores de luz, que transformam a energia elétrica em energia luminosa, e os receptores de luz, que transformam a energia luminosa em energia elétrica.

7.1 Energia de um fóton

A energia de um fóton é descrita pela equação:

$$E = \frac{hc}{\lambda} \tag{7.1}$$

onde E é a energia do fóton, h é a constante de Planck, c é a velocidade da luz no vácuo, e λ é o comprimento de onda do fóton.

Portanto, como h e c são constantes, concluímos que a energia de um fóton E depende do seu do comprimento de onda. Como a frequência do fóton é dada por $f = c/\lambda$, muitas vezes a energia do fóton é escrita em termos de sua frequência, dada pela chamada equação de Planck-Einstein:

$$E = hf \tag{7.2}$$

É interessante notar que em óptica e física normalmente a frequência do fóton é representada pela letra grega ν, de forma que podemos escrever $E = h\nu$.

Como normalmente o valor da banda proibida é dado em elétrons-Volt (eV) e o comprimento de onda em dispositivos optoeletrônicos é normalmente dada em nanometros (nm), podemos reescrever a Eq. 7.1 ,com os valores da energia E dada em eV:

$$E(\text{eV}) \approx \frac{1240}{\lambda(\text{nm})} \tag{7.3}$$

7.2 Efeito fotocondutor - dispositivos receptores de luz

Em um semicondutor com largura de banda proibida E_g, se um fóton com energia ($E = h\nu = hf$) igual ou superior ao valor de E_g atinge o semicondutor, esse fóton pode gerar um par elétron-lacuna. Esse fenômeno é utilizado em diversos dispositivos, como os fotoresistores, fotodiodos, fototransistores e células fotovoltaicas, para converter energia luminosa em energia elétrica.

A resposta desses dispositivos à excitação luminosa depende, fortemente, do material semicondutor e de como este material responde a diferentes comprimentos de onda da luz incidente no dispositivo. Isso pode ser visto na Figura 7.1, onde é apresentada uma curva da sensibilidade espectral em um semicondutor de Si.

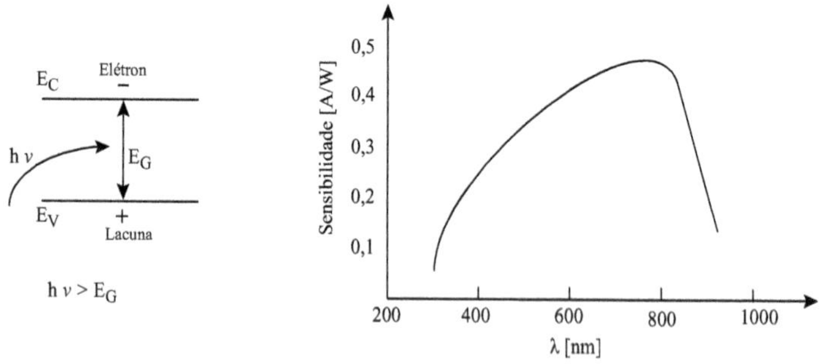

Fig. 7.1: Curva de sensibilidade espectral em um semicondutor de Si, em função do comprimento de onda.

É claro que a curva de sensibilidade espectral do material é de fundamental importância para determinar as condições de utilização do dispositivo. Na curva apresentada na Figura 7.1 vemos que o ideal para este dispositivo seria utilizar-lo com comprimentos de onda na ordem de $\lambda = 810$ nm (infravermelho), enquanto que para comprimentos de onda na faixa de $350 < \lambda < 400$ nm o dispositivo apresenta sensibilidade muito baixa.

7.2.1 Fotoresistores

O dispositivo receptor de luz mais simples de ser fabricado é o fotoresistor, nomalmente designado por *LDR* (do inglês *Light Dependent Resistor*). Esse dispositivo é fabricado usando um substrato isolante (muitas vezes uma cerâmica), onde é depositado, por um processo de *silk-screen*, um filme policristalino de um material fotocondutor (geralmente CdS ou Se) em forma de serpentina, com contatos elétricos evaporados nas extremidades dos resistores. O *layout* de um fotoresistor LDR típico é apresentado na Figura 7.2.

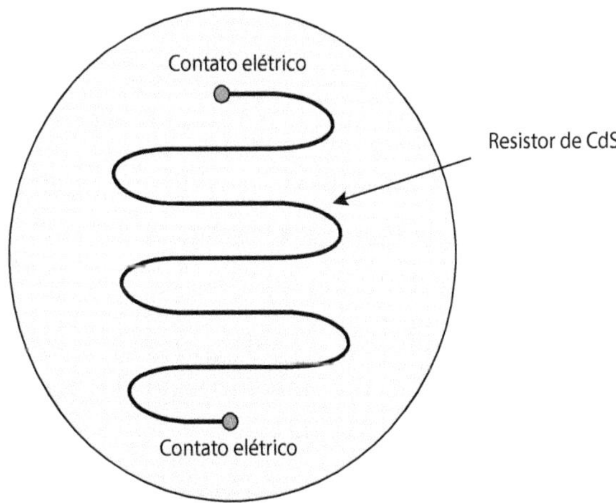

Fig. 7.2: *Layout* típico de um LDR.

A resistência de um LDR pode variar, tipicamente, de alguns MΩ quando no escuro até algumas centenas de Ω quando sob forte exposição à luz. Na Figura 7.3(a) vemos uma curva de resposta de um LDR (LDR Modelo 3190 da Sunrom Technologies), onde vemos o valor da resistência em função da iluminação em lux. Na Figura 7.3(b) vemos uma resposta espectral do mesmo LDR, onde é apresentada a resposta relativa (em %) em função do comprimento de onda.

Os principais parâmetros elétricos de um LDR são apresentados na Figura 7.4. Uma característica importante vista nesses dados é que o LDR é bastante lento (o tempo de subida é de 2,8 ms, no melhor caso) e o tempo de descida é, no melhor caso, 48 ms. Isso limita a utilização desses dispositivos em circuitos que operem em frequências muito baixas, tipicamente da ordem de 10 Hz.

7.2.2 Fotodiodos

Se uma junção PN for exposta a radiação luminosa, a geração de pares elétrons-lacunas excedentes ocorre em toda a área da junção, criando um aumento da concentração de portadores em todos os pontos do cristal (exceto nos contatos ôhmicos, onde os valores da concentração de portadores no equilíbrio térmico são constantes).

Se os pares elétrons-lacunas são gerados dentro da região de depleção da junção (ou muito próximos dela), esses portadores são arrastados pelo forte campo elétrico existente dentro da região de depleção. Os elétrons são acelerado para o lado N enquanto as lacunas são aceleradas para o lado P. É impor-

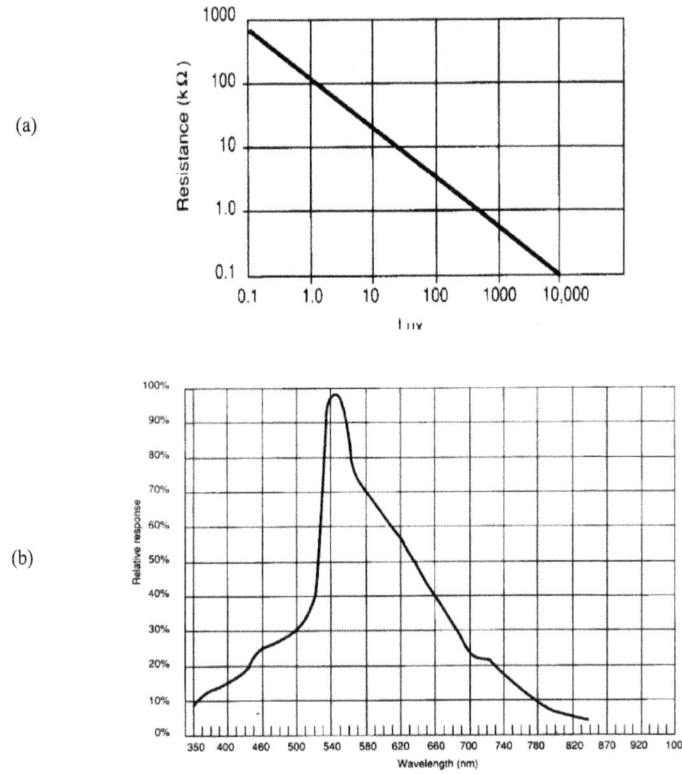

Fig. 7.3: (a) Resistência do LDR Modelo 3190 em função da iluminação; (b) resposta relativa (%) espectral do mesmo LDR.

tante observar que a maior parte dos pares elétrons-lacunas que são gerados pela incidência da luz é gerada dentro da região de depleção da junção.

Se a junção está em circuito aberto, quando o regime permanente é atingido o excesso de portadores gerados tem que se

Parameter	Condition	Min.	Tip.	Max.	Unidade
Resistência	1000 Lux 10 Lux	- -	400 9	- -	Ω kΩ
Resistência no escuro	-	-	1	-	MΩ
Capacitância no escuro			3.5		pF
Tempo de subida	1000 Lux 10 Lux		48 120		ms
Tensão Máxima (AC/DC)				320	V
Current				75	mA
Potência				100	mW
Temperatura de operação		-60		+75	ºC

Fig. 7.4: Principais características elétricas de um LDR.

recombinar ao longo do cristal e nos contatos. Para que ocorra essa recombinação, temos que ter movimento dos portadores na direção das zonas de recombinação, gerando correntes de lacunas J_p e de elétrons J_n. evidentemente, $J_p + J_n = 0$.

Se o fotodiodo for usado sob polarização reversa, como apresentado na Figura 7.5, as correntes J_p e J_n devido ao excesso de portadores gerados pela incidência de luz circulam através da fonte de alimentação.

Essa corrente I_{ph} na região região reversa, chamada de fotocorrente, é proporcional à intensidade da luz I_{op} que atinge a junção, e é escrita como:

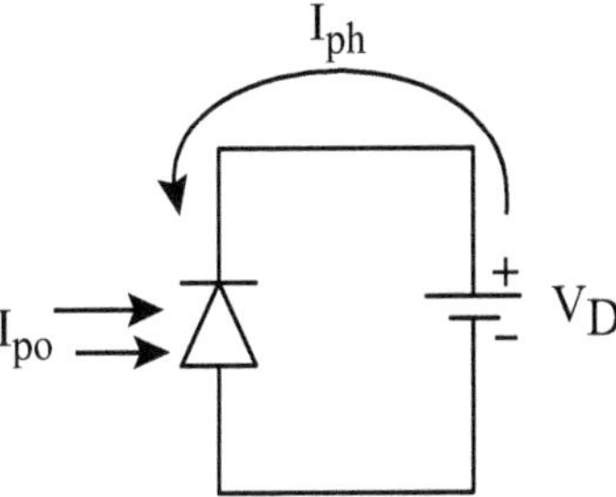

Fig. 7.5: Fotodiodo sob polarização reversa, com a incidência de luz com intensidade da luz I_{op} gerando a fotocorrente I_{ph}.

$$I_{ph} = \gamma I_{op} \tag{7.4}$$

onde γ é uma constante de proporcionalidade, que depende da fabricação do fotodiodo e é um indicador da eficiência da conversão optoeletrônica.

Na Figura 7.6 vemos as curvas $I - V$ na região reversa, para um fotodiodo iluminado por diferentes níveis de potência óptica I_{op}.

Como podemos observar, conforme aumenta-se o nível de luz incidente sobre a junção, a corrente na região reversa é praticamente proporcional ao valor do fluxo luminoso. Os fotodiodos são muito usados nesta região ($I < 0$ e $V < 0$) em circuitos de detecção de luz emitidas por lasers, como em circuitos de comunicação óptica, sensores com fibras ópticas, etc. Um circuito típico de conversão do sinal de luz laser em tensão é apresentado na Figura 7.7.

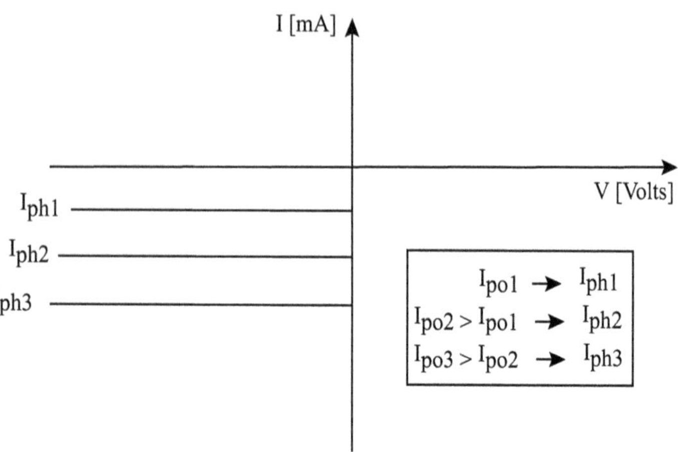

Fig. 7.6: Característica $I - V$ em um fotodiodo sob polarização reversa, para diversos valores de potências ópticas incidente na junção.

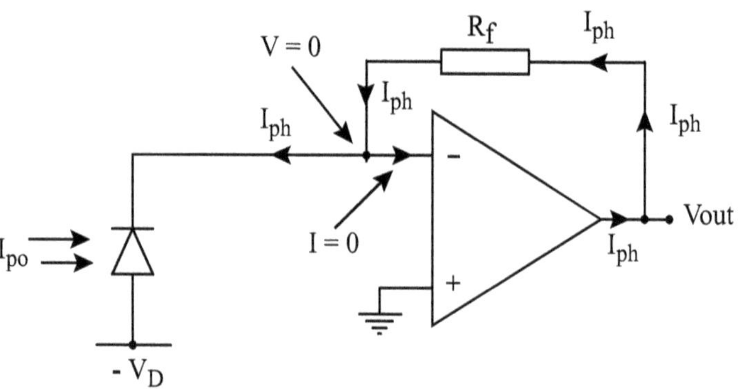

Fig. 7.7: Circuito de detecção de luz laser, usando um op-amp como conversor corrente-tensão.

No circuito da Figura 7.7 o fotodiodo é operado na região

reversa (o que é garantido pela fonte de polarização $V_D = -5$ V), e ao ser atingido pela luz do laser irá gerar uma corrente reversa, proporcional à potência da luz laser que o atinge. Como a corrente de entrada no op-amp pode ser considerada nula, toda a corrente I_{ph} gerada pelo fotodiodo irá circular pelo resistor R_f, gerando na saída do op-amp uma tensão de valor $V_{out} = R_F \, I_{ph}$.

Ao contrário dos fotoresistores, os fotodiodos podem ser extremamente rápidos, com tempos de subida e descida da ordem de dezenas de ps, ou seja, conseguem operar em frequências de GHz. Na Figura 7.8 vemos a fotografia de um fotodiodo BPW21.

Fig. 7.8: Fotografia de um fotodiodo BPW21.

7.2.3 Células solares

As células solares não passam de fotodiodos fabricados em dispositivos com junções de grande área (geralmente vários cm^2), normalmente realizado sobre uma lâmina inteira de Si.

As células solares operam com uma carga passiva entre os contatos, sem nenhum tipo de fonte de polarização externa. Isso faz com que, quando sob iluminação solar, a sua operação ocorra no quadrante $I < 0$ e $V > 0$.

É interessante observar que para aumentar a eficiência da célula solar, é mandatório iluminar a maior área possível da junção. Porém, é importante ter uma excelente área de contatos em ambos os lados da junção, para podermos coletar os portadores gerados pela incidência da luz nos contatos ôhmicos. O lado de trás da célula solar pode receber um contato que cubra toda a superfície da junção, porém na frente da célula, onde temos a incidência da luz solar, os contatos não podem tampar a luz e impedir que ela atinja a junção. Para tal, os contatos superiores das células solares são feitos no formato de "pente". É também possível usar materiais avançados, que apresentam um pouco de transparência. Na Figura 7.9 vemos uma foto de uma célula solar.

É possível calcular as características $I - V$ de uma célula solar desenvolvendo um modelo elétrico equivalente. Como veremos, as característica $I - V$ dependem não só da potência luminosa incidente sobre a célula, mas também do seu ponto de operação, ou seja, da carga externa R_L.

Para o desenvolvimento do modelo equivalente, vamos considerar uma junção PN sob iluminação solar, como apresentado na Figura 7.10(a). Se o circuito externo for um curto-circuito, como mostrado na Figura 7.10(b), a única corrente que circula na célula solar é a corrente gerada devido aos pares

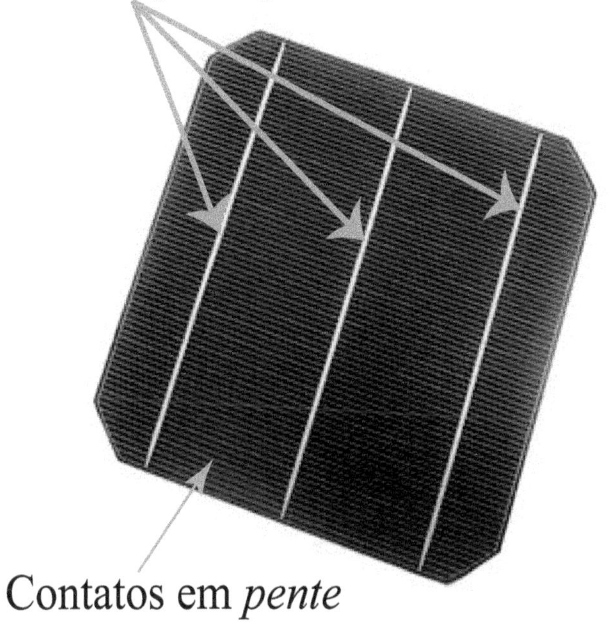

Fig. 7.9: Foto de uma célula solar, onde vemos os contatos em forma de pente.

elétrons-lacunas gerados pela incidência da luz, I_{ph}.

Na condição de $V = 0$, definimos a "corrente de curto-circuito" (I_{sc}) como sendo:

$$I_{sc} = I_{ph} = \gamma I_{op} \tag{7.5}$$

É importante observar que a "corrente de curto-circuito" (I_{sc}) que aparece nas folhas de dados de uma célula solar é

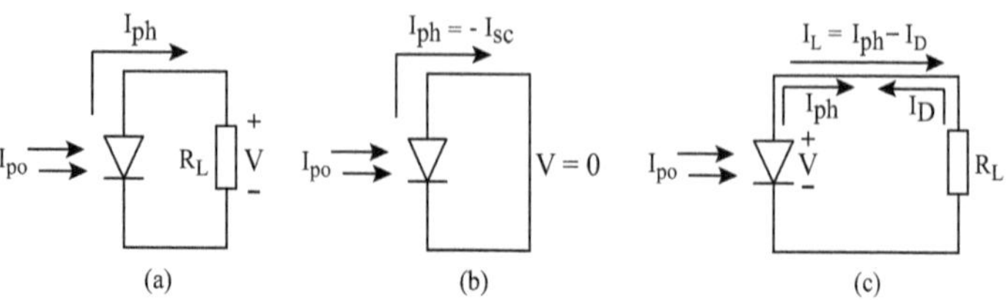

Fig. 7.10: (a) junção PN sob iluminação solar, com uma carga externa. (b) célula solar com curto-circuito externo. (c) célula solar com carga externa, mostrando as correntes I_D, I_{ph} e I_L.

definida para uma condição de iluminação onde a irradiação possui $I_R = 100$ mW/cm^2 com um espectro dado pelo padrão AM1.5, apresentado na Na Figura 7.11.

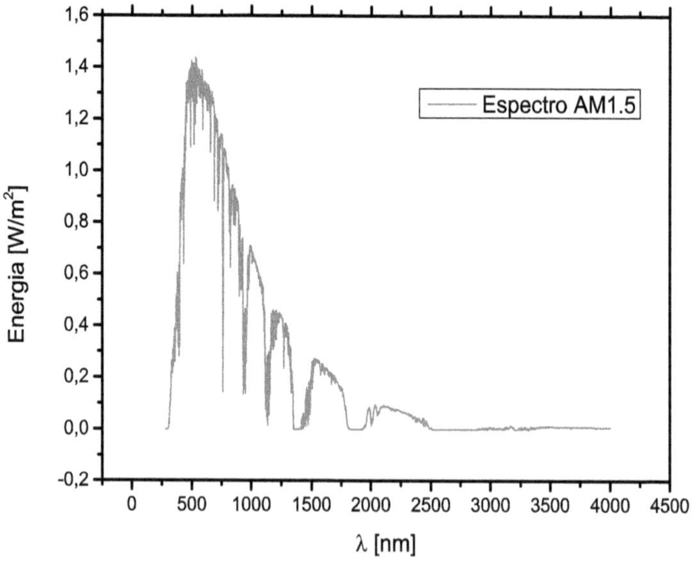

Fig. 7.11: Espectro AM1.5.

Vamos analisar o caso onde temos um resistor externo de valor R_L ligado entre os terminais da célula solar, como indicado na Figura 7.10(c). A fotocorrente I_{ph}, que circula no sentido reverso da junção (do catodo para o anodo), ao passar pelo resistor externo R_L cria uma tensão V **direta** na junção, fazendo com que apareça uma corrente I_D no diodo, que circula no sentido contrário ao da fotocorrente I_{ph}. Com isso, a corrente líquida que circula na célula solar, como indicado na Figura 7.10(c), é dada por:

$$I_L = I_{ph} - I_D \tag{7.6}$$

Podemos representar o circuito da Figura 7.10(c) com um circuito elétrico equivalente, como indicado na Figura 7.12.

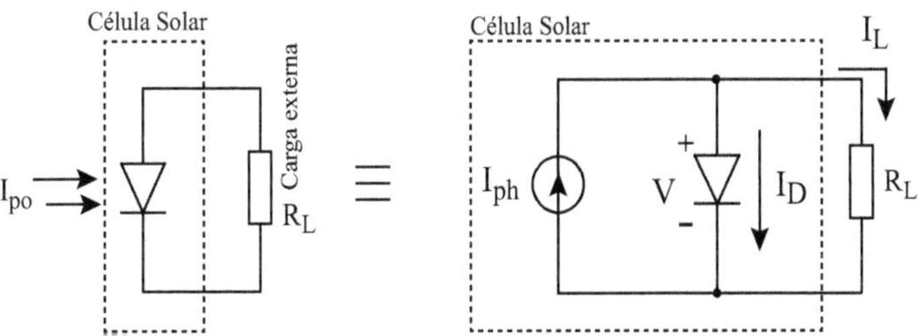

Fig. 7.12: Modelo equivalente de uma célula solar

No modelo da Figura 7.12 a fonte de corrente I_{ph} representa a fotocorrente e o diodo D foi inserido no circuito do modelo equivalente para gerar a corrente I_D, que é a corrente direta em um diodo, dada pela Eq. 2.58. Substituindo o valor de I_D dado pela Eq. 2.58 na Eq. 7.6, obtemos a corrente total na célula solar I_L:

$$I_L = I_{ph} - I_S \, exp\left(\frac{V}{m\, V_T}\right) \tag{7.7}$$

onde I_S é a corrente de saturação do diodo, $V_T = kT/q$ é a tensão térmica e m é o fator de não-idealidade do diodo (idealmente $m = 1$).

A curva característica de uma célula solar, obtida a partir da Eq. 7.7, é apresentada na Figura 7.13.

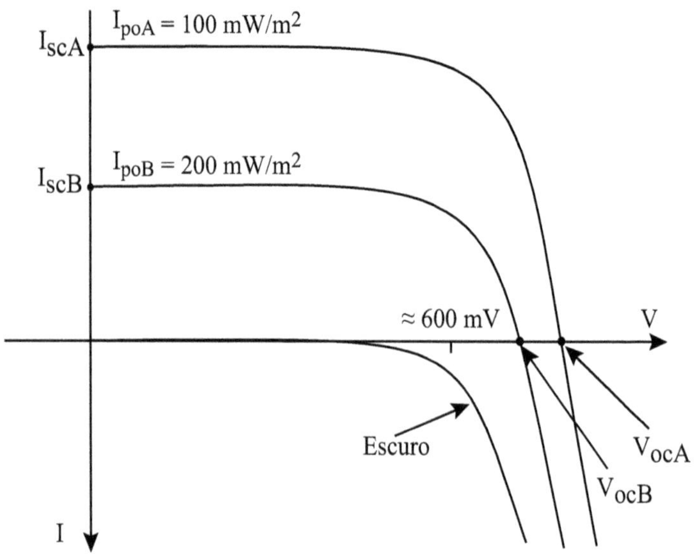

Fig. 7.13: Curvas $I - V$ de uma célula solar

.

Da Eq. 7.7 e observando as curvas da Figura 7.13 vemos

que:

i) na ausência de luz (chamada de condição de "escuro" ou, em inglês, "dark"), o valor de I_{ph} é evidentemente zero, e a curva $I - V$ da célula solar é a curva convencional de um diodo, dada pela Eq. 2.58.

ii) a incidência de luz desloca a curva $I - V$ para cima, já que cria uma fotocorrente I_{ph}. Quanto maior a potência de luz incidente, maior é o deslocamento para cima, e maior e o valor de I_{sc}.

iii) Definimos a tensão de circuito aberto V_{oc} de uma célula solar como sendo a tensão V para corrente total I_L nula, ou seja, $I_D = I_{ph}$. Isso é facilmente obtido fazendo $I_L = 0$ na Eq. 7.7 e resolvendo para $V = V_{oc}$. Fazendo isso obtemos:

$$V_{oc} = m\,V_T\,ln\left(\frac{I_{ph}}{I_s}\right) \tag{7.8}$$

Lembrando que $I_{ph} = \gamma I_{op}$ podemos escrever a tensão de circuito aberto V_{oc} como:

$$V_{oc} = m\,V_T\,ln\left(\frac{\gamma I_{op}}{I_s}\right) \tag{7.9}$$

Os valores de I_{sc} e V_{oc} estão destacados na Figura 7.13. Analisando a Eq. 7.9 vemos que o valor da tensão em circuito aberto V_{oc} aumenta com o ln da intensidade luminosa I_{op}.

A potência que uma célula solar pode fornecer é dada pelo produto da corrente I_L pela tensão V nos seus terminais:

$$P = V\,I_L = V\left[I_S\,exp\left(\frac{V}{m\,V_T}\right) - I_{ph}\right] \tag{7.10}$$

Se fizermos um gráfico da potência P em função da tensão na célula V (por exemplo, para uma das curvas da Figura 7.13), obtemos o gráfico da Figura 7.14. Neste gráfico vemos que existe um ponto onde a potência fornecida pela célula solar é máxima, que designamos por P_{MP}, que ocorre no ponto (V_{MP},I_{MP}).

O valor de V_{MP} pode ser encontrado derivando a Eq. Eq. 7.10 e fazendo essa derivada $dP_{MP}/dV = 0$ para encontrar o ponto de máximo da curva. Entretanto, a derivada $dP_{MP}/dV = 0$ não possui solução analítica, e é necessário utilizar um método numérico para encontrar P_{MP}(V_{MP},I_{MP}).

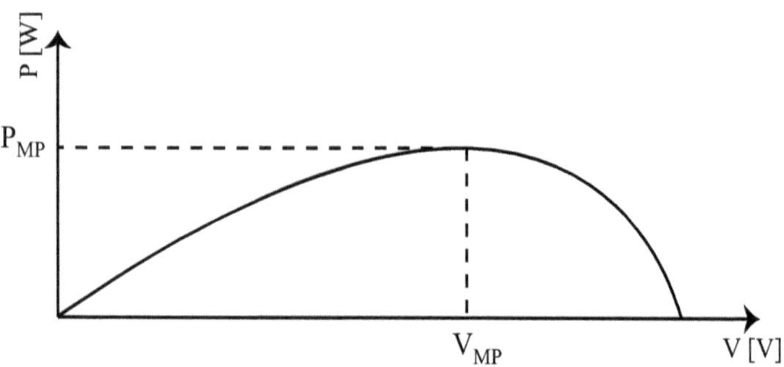

Fig. 7.14: Curva da potência fornecida por uma célula solar em função da tensão V.

7.2.4 Fototransistores

Os fototransistores apresentam um *layout* bem diferente dos transistores bipolares convencionais, embora a estrutura básica (de camadas NPN ou PNP) seja exatamente a mesma. Na Figura 7.15 vemos o layout de um transistor convencional e de um fototransistor (ambos do tipo NPN), onde observamos que no fototransistor a área da junção base-coletor (que é a área que será exposta à luz) é muito grande quando comparada com a do transistor comum.

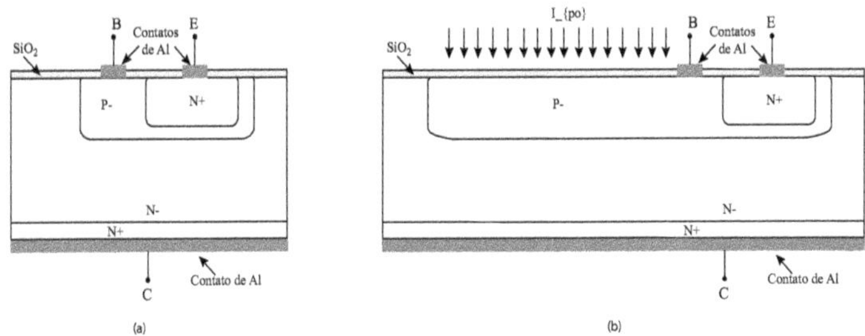

Fig. 7.15: *Layout* de um transistor convencional (a) e de um fototransistor (b).

A junção base-coletor é, na verdade, um fotodiodo conectado entre os contatos de base e coletor do transistor ativo. Na Figura 7.16 vemos a representação elétrica do fototransistor da Figura 7.15, com a indicação do fluxo de correntes no fototransistor. A incidência de luz no fotodiodo (que é a junção base-coletor do transistor) gera uma fotocorrente I_{ph}, que circula entre os contatos de coletor e base.

Com a corrente I_{ph} entrando na base do transistor, usamos

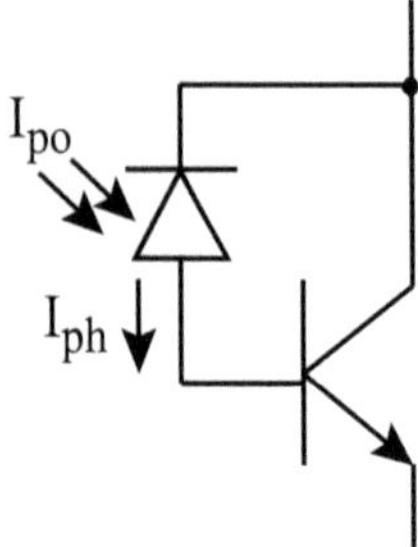

Fig. 7.16: Modelo elétrico de um fototransistor.

as equações Eq 4.8 e Eq 4.11 do transistor bipolar apresentadas no Capítulo 3 para calcular os valores das correntes de coletor I_C e de emisor I_E.

$$I_C = \beta_F \, I_B = \beta_F \, I_{ph} \tag{7.11}$$

$$I_E = (\beta_F + 1) \, I_B = (\beta_F + 1) \, I_{ph} \tag{7.12}$$

As características de um fototransistor são, portanto, basicamente as mesmas de um transistor convencional, exceto que a corrente de base é dada pela fotocorrente I_{ph} gerada pela incidência de luz. Os fototransistores são encapsulados em invólucros tanto com dois terminais (similar a um fotodiodo, sem que tenhamos acesso ao terminal de base) ou com três terminais, exatamente como em um transistor. Na Figura 7.17 vemos fotografias destes dois tipos de fototransistores.

Os invólucros com três terminais permitem acesso ao terminal de base e são muito interessantes, já que permitem um

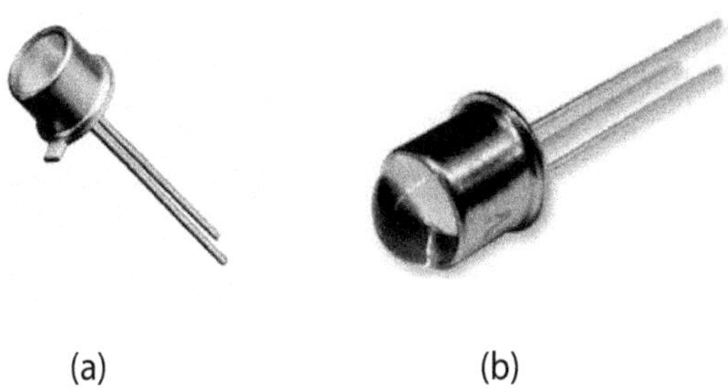

Fig. 7.17: Fotos de fototransistores com dois terminais (a) e com três terminais (b).

maior controle da corrente de coletor I_C. Na Figura 7.18 vemos o circuito de um fototransistor que opera como uma chave lógica, de forma que a tensão no coletor do transistor seja igual a "1" (V_{CC}) no escuro, e caia para "0" (V_{CEsat} do transistor) quando ocorre a incidência de luz no fototransistor.

No caso do fototransistor sem terminal de base, toda a fotocorrente gerada pela incidência da luz é direcionada para a base do fototransistor, sendo multiplicada pelo β_F do transistor e gerando a corrente de coletor I_C. Neste caso, mesmo que a iluminação sobre o fototransistor seja tênue, o fato de a fotocorrente gerada na junção base-coletor ser multiplicada pelo β_F do transistor, a corrente de coletor I_C pode atingir valores não desprezíveis, fazendo com que o valor da tensão no coletor do fototransistor possa ficar numa zona proibida, num valor entre "0" e "1".

Já no caso do transistor com acesso ao terminal de base,

podemos aterrar a base através de um resistor R_B, de forma que somente quando a fotocorrente sobre o resistor R_B for suficiente para que a tensão na base atinja cerca de 600 mV é que a corrente I_C poderá aumentar. Dessa forma, o circuito fica mais imune a pequenas variações de intensidade luminosa, como por exemplo, a própria iluminação ambiente.

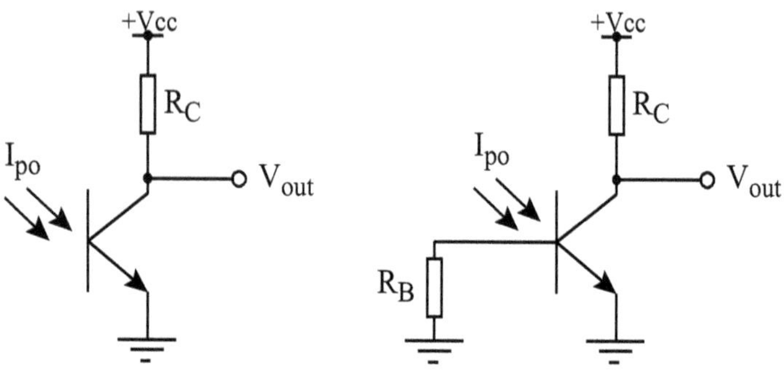

Fig. 7.18: Circuitos com fototransistor operando como chave óptica.

7.3 Efeito de eletroluminescência - dispositivos emissores de luz

Em um semicondutor qualquer, elétrons e lacunas podem se encontrar e recombinar espontaneamente, ou seja, os elétrons da banda de condução podem cair do seu nível de energia e preencher o espaço de uma lacuna na banda de valência. A energia "perdida" pelo elétron é liberada sob a forma de fótons. Um diagrama deste mecanismo é apresentado na Figura

7.19, e a esse processo damos o nome de eletroluminescência. O dispositivo emissor de luz mais conhecido é o LED - Light Emitting Diode (diodo emissor de luz).

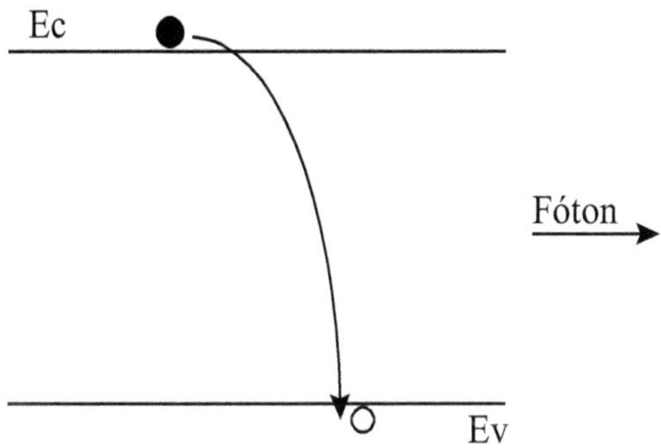

Fig. 7.19: Um elétron podem cair da banda de condução e ir para a banda de valência, emitindo um fóton.

Mesmo em um semicondutor altamente dopado, o número de portadores livres é muito pequeno para que ocorram recombinações espontâneas. Entretanto, se injetarmos um número grande de portadores na junção (por exemplo, através da polarização direta com valores acima da tensão de *built-in*), aumentamos de forma muito significativa a probabilidade de ocorrer recombinação.

No silício e no germânio, a recombinação de elétrons e lacunas leva a um aumento na energia vibratória (chamadas emissões não-radiativas) sem a emissão de fótons. Esses semicondutores são chamados de "semicondutores de band-gap indireto". Para que ocorra a emissão de fótons, ou seja, para fabricarmos um LED, precisamos usar um semicondutor do tipo "semicondutor de *band-gap* direto", com uma energia de *band-gap* correspondente à energia de fótons no comprimento de onda visível.

É simples distinguir entre esses dois tipo de semicondutores através da sua transparência à luz, já que os semicondutores transparentes à luz visível são geralmente capazes de liberar o excesso de energia sob forma de fótons. Dois dos materiais mais utilizados para a fabricação de LEDs são o GaAs (Arseneto de Gálio) e o GaN (Nitreto de Gálio), que são transparentes à luz visível.

7.3.1 Comprimento de onda da luz emitida pelos LEDs

A energia da cor mais intensa emitida por um LED é diretamente ligada à energia do *band-gap* do material do semicondutor usado para sua fabricação (como mostra a Eq 7.3), de forma que o comprimento de onda da cor da luz emitida pelo LED varia inversamente com o valor do *band-gap* do semicondutor.

Podemos escrever que:

$$E_{gap} = E_{light} = qV_{th} \tag{7.13}$$

onde E_{gap} é a energia do *band-gap* do semicondutor, E_{light} é a energia em elétron-Volt (eV) da cor mais intensa emitida pelo LED, q é a carga do elétron, e V_{th} é a tensão mínima aplicada ao LED que dá início à emissão de luz.

Combinando as Eq 7.3 e Eq 7.13 obtemos:

$$V_{th} = \frac{1240}{q\lambda} \tag{7.14}$$

Observando a Eq 7.14 vemos que a tensão de início de emissão de luz V_{th} aumenta com a diminuição do comprimento de onda λ da luz emitida. Os LEDs que emitem luz vermelha ($610\,\text{nm} \leq \lambda \leq 760\text{nm}$) possuem tensões V_{th} na faixa de $1{,}6\ \text{V} \leq \text{V}_{\text{th}} \leq 2{,}0\ \text{V}$, enquanto que os LEDs que emitem luz azul ($450\,\text{nm} \leq \lambda \leq 500\text{nm}$) possuem tensões V_{th} na faixa de $2{,}5\ \text{V} \leq \text{V}_{\text{th}} \leq 3{,}7\ \text{V}$.

Na Figura 7.20 vemos os materiais usados e os respectivos comprimentos de onda (cores) dos LEDs disponíveis comercialmente.

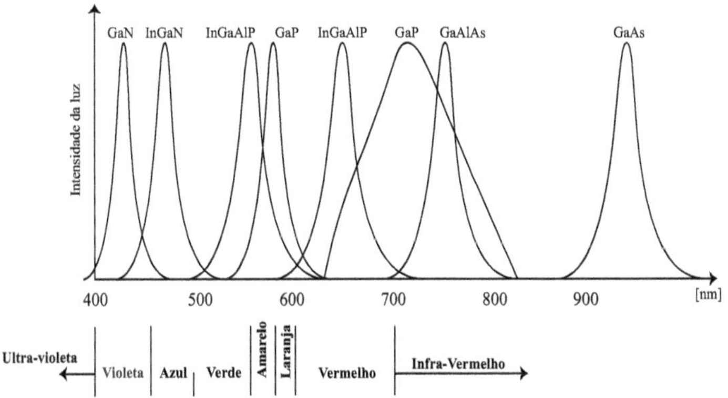

Fig. 7.20: Materiais usadas para a fabricação de LEDs e comprimentos de onda da luz emitida.

Os LEDs que emitem luz branca (muito usados em iluminação residencial, industrial e pública), porém, não podem ser fabricados simplesmente alterando o *band-gap* do semicondutor, já que não existe o comprimento de onda para a luz branca.

Esses LEDs são fabricados com duas técnicas:

i) a primeira é através da fabricação de um dispositivo que inclua três LEDs distintos: um vermelho, um verde e um azul. Adequando a intensidade de cada uma das fontes de luz obtemos, como resultado, a luz branca. Esse método é o usado em telas de TVs e monitores de computador que operam à base de LEDs;

ii) a segunda técnica consiste no uso de apenas um LED, com um comprimento de onda baixo (normalmente o azul) que possui a sua lente recoberta com uma camada de fósforo amarelo. Parte dos fótons azuis gerados no LED atravessam a camada de fósforo amarelo na lente do LED sem sofrer qualquer alteração, e parte é transformada em fótons amarelos. A combinação dos fótons azuis e dos fótons amarelos geram a luz branca.

7.4 Exercícios do Capítulo 7

7.1 - Calcule o valor da energia de um fóton (em eV), se o seu comprimento de onda é $\lambda = 800$ nm.

7.2 - Explique o funcionamento de um fotodiodo.

7.3 - Faça um gráfico (qualitativo) das curvas da fotocorrente em um fotodiodo sob polarização reversa, quando exposto a diversas intensidades de luz.

7.4 - No circuito da Figura 7.21, se o diodo está sob uma fonte de luz modulada que gera uma fotocorrente dada por $I_{ph} = 0{,}010 + 0{,}005\,sen(100t)$ [A], trace um gráfico da tensão de saída do op-amp em função do tempo.

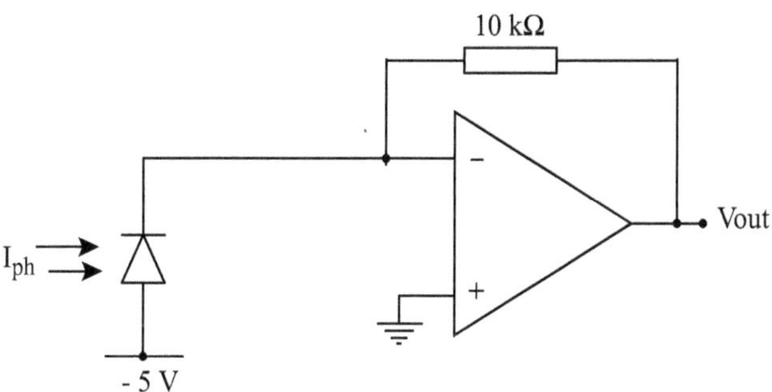

Fig. 7.21: Circuito de conversor luz-tensão usando um fotodiodo e um op-amp.

7.5 - Trace o gráfico (de forma qualitativa) de uma célula solar nas regiões direta e reversa, quando ela está no escuro e quando está submetida a dois valores de iluminação que geram dois valores de fotocorrente ($I_{ph1} > I_{ph2}$).

7.6 - Desenhe o modelo equivalente de uma célula solar, explicando o origem de cada uma das correntes.

7.7 - Explique o funcionamento de um fototransistor.

7.8 - Desenhe o modelo elétrico de um fototransistor. Esse modelo explica o porque de a junção que é exposta a luz é a junção base-coletor, e não a junção base-emissor?

7.9 - Se o fototransistor do circuito da Figura 7.22(a) recebe uma iluminação na junção-base coletor que gera uma fotocorrente conforme a descrita na Figura 7.21(b), faça um gráfico da tensão de saída no coletor do transistor.

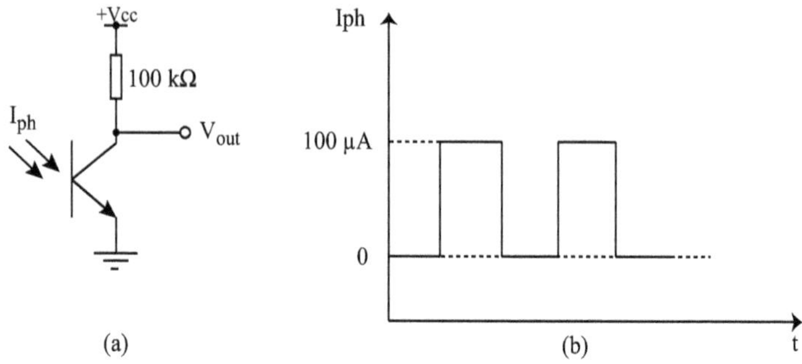

Fig. 7.22: Circuito de fototransistor.

7.10 - Explique o funcionamento de um diodo emissor de luz (LED).

www.ingramcontent.com/pod-product-compliance
Ingram Content Group UK Ltd.
Pitfield, Milton Keynes, MK11 3LW, UK
UKHW021957190726
13853UKWH00004B/1583